Java 程序设计案例教程
（第2版）

主　审：徐　红　马晓丽

主　编：陈　静　张　芳　邢海燕

副主编：王　毅　彭福荣　靳晓娟

　　　　王绪峰　陶翠霞　王　强

　　　　王象刚

参　编：周　游　薛念明　刘　涛

北京理工大学出版社

BEIJING INSTITUTE OF TECHNOLOGY PRESS

内 容 简 介

本教材为国家在线精品课程"Java 程序设计"配套教材，教材以通俗易懂的语言介绍 Java 开发技术，共分 12 个模块，包括 Java 概述、Java 语言基础、面向对象基础、面向对象编程进阶、集合、图形用户界面、异常处理、线程、输入/输出流、数据库编程、网络编程、超市管理系统等内容。每个模块都通过任务贯穿各个知识点，任务后还有多个相关案例进行知识的巩固和上机实践，能让读者更好地体会 Java 语言编程的方法和应用技巧。

本教材既可作为计算机相关专业的程序设计课程教材，也可作为 Java 技术基础的培训教材，还是一本适合广大计算机编程初学者学习的入门级读物。

图书在版编目（CIP）数据

Java 程序设计案例教程／陈静，张芳，邢海燕主编
. --2 版 . --北京：北京理工大学出版社，2024.12（2025.1 重印）
ISBN 978 - 7 - 5763 - 3880 - 5

Ⅰ.①J… Ⅱ.①陈…②张…③邢… Ⅲ.①JAVA 语言-程序设计-教材 Ⅳ.①TP312.8

中国国家版本馆 CIP 数据核字（2024）第 087553 号

责任编辑：王玲玲　　**文案编辑**：王玲玲
责任校对：刘亚男　　**责任印制**：施胜娟

出版发行／北京理工大学出版社有限责任公司
社　　址／北京市丰台区四合庄路 6 号
邮　　编／100070
电　　话／（010）68914026（教材售后服务热线）
　　　　　（010）63726648（课件资源服务热线）
网　　址／http：//www.bitpress.com.cn

版 印 次／2025 年 1 月第 2 版第 2 次印刷
印　　刷／涿州市新华印刷有限公司
开　　本／787 mm×1092 mm　1/16
印　　张／19.25
字　　数／452 千字
定　　价／59.80 元

前言

本教材是国家在线精品课程"Java 程序设计"配套教材。教材以教师为引导、学生为主体，以能力递进提升为目标，对接岗课赛证标准及新一代信息技术产业新技术、新方法、新规范、新要求，由校企"双元"合作开发，采用任务驱动、案例教学，基于企业生产实践项目设计编写。本教材全面反映了新时代职业教育的发展理念，强调实践操作性，突出职业教育特色。

一、教材结构

本教材涵盖了从 Java 环境搭建、基础语法、面向对象编程到集合、异常处理、网络编程、多线程和数据库操作等高级主题，分为 12 个模块，每个模块包含若干个任务和实训，并以模块情境描述开始，创设情境，将学习者带入角色。每个任务包括教学目标、任务导入、知识准备、任务实施和任务评价等部分。教材配套有丰富的数字资源，如课件、案例代码、任务工单、任务代码、微课视频、知识拓展、任务评价表等，便于教师实现课上与课下、理论与实践、内在价值引领与外在行为养成相结合的浸润式、体验式教学。

二、教材特点

1. 德育融入自然，形式、内容灵活多样，育人润物细无声

教材全面融入德育元素，形式、内容灵活多样，融入方式自然。内容包括习近平新时代中国特色社会主义思想、党的二十大报告、中国优秀文化、职业素养等，通过创设情境，带入角色，引发学生共鸣，激发学生学习兴趣；通过知识拓展，围绕 Java 技术发展方向、创新创业、质量安全、法治意识等拓展知识面；通过教材案例，融入中国诗词名著等。

2. 校企"双元"开发，基于企业真实项目，满足多种教学需要

校企"双元"开发教材，基于企业真实项目"超市管理系统"，通过典型工作任务实训贯穿全书，按照软件系统开发流程，对接软件设计、开发、测试等岗位设计编写内容，根据学生认知规律，按照"任务导入—知识准备—任务实施—任务评价"组织教材，满足任务驱动、角色扮演、分组教学和案例教学需要，有效激发学生的学习兴趣和创新潜能。

3. 数字资源丰富，借助网络平台，创新课堂教学新生态

遵循"一体化设计、结构化课程、颗粒化资源"建设理念，开发丰富的数字资源。课程网络平台构建了基于大模型的 AI 助教、AI 助学助手，以及完整的知识图谱、项目图谱、问题图谱、能力图谱，打造了"一书、一课、一空间"的混合式 AI 教学新生态，满足自主、个性、智慧化、终身化学习需求，全面拓展学生学习的时间与空间，改进学习方式和手段，为学习者提供"自主学习、项目实践、自我提升"的典型学习方案。

三、编写分工

本教材由山东劳动职业技术学院、山东工业职业学院、上海卓越睿新数码科技股份有限公司、山东鲁软数字科技有限公司和积成电子股份有限公司合作完成。本教材由陈静、张芳、邢海燕任主编，王毅、彭福荣、靳晓娟、王绪峰、陶翠霞、王强（山东工业职业学院建筑与信息工程学院）、王象刚（东营职业学院）任副主编，周游（上海卓越睿新数码科技股份有限公司）、薛念明（山东鲁软数字科技有限公司）和刘涛（积成电子股份有限公司）参编。其中，模块一由陈静编写，模块二由王强和靳晓娟编写，模块三和模块四由邢海燕编写，模块五由张芳编写，模块六由陶翠霞编写，模块七由王毅编写，模块八由张芳和王象刚编写，模块九由彭福荣编写，模块十由王绪峰编写，模块十一由靳晓娟编写，模块十二由周游、薛念明和刘涛编写。

由于编者水平有限，书中难免存在疏漏之处，恳请各位专家和读者批评指正。

目录

模块一

Java 概述

新一代信息技术是国务院确定的七个战略性新兴产业之一，新一代信息技术产业是国民经济的战略性、基础性和先导性产业，主要包括云计算、大数据、人工智能、物联网、5G、移动互联、区块链等。党的二十大报告已为新一代信息技术产业指明未来发展方向，要以推动高质量发展为主题，构建新一代信息技术产业新的增长引擎，而 Java 语言被广泛应用于新一代信息技术产业中的大数据、移动互联、区块链等技术应用开发领域。各大主流招聘网站上相关 Java 语言的岗位的招聘人数及薪资待遇一直居高不下。

小王同学是软件技术专业大一新生，对高新技术特别感兴趣，期望自己将来能成为一名优秀的软件开发工程师，进入梦寐以求的高科技公司工作，让大家的手机上能用到他所开发的软件。战国荀子《劝学》中有句名言："不积跬步，无以至千里；不积小流，无以成江海。"小王深知，要想实现自己的目标，必须从一点一滴认真做起。工欲善其事，必先利其器。若要熟练掌握 Java 语言，需要先了解该语言的发展、运行原理、语法规则、如何搭建开发环境等内容。

本模块共有 6 个任务，通过任务学习可以了解 Java 语言发展及应用、Java 的运行原理、Java 语法规则，熟练搭建 Java 的开发运行环境，通过简单的案例掌握 Java 开发运行中的新建、编译、运行、调试等基础知识。

本模块任务知识如下：

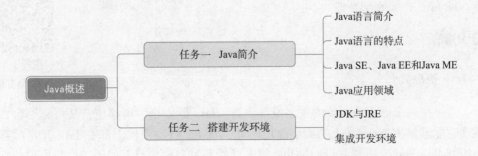

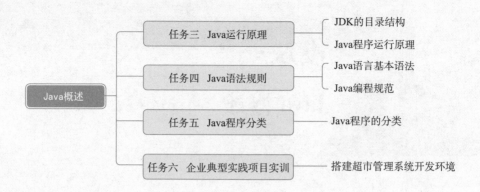

任务三　Java运行原理　―― JDK的目录结构
　　　　　　　　　　　　　　Java程序运行原理

任务四　Java语法规则　―― Java语言基本语法
　　　　　　　　　　　　　　Java编程规范

Java概述

任务五　Java程序分类　―― Java程序的分类

任务六　企业典型实践项目实训 ―― 搭建超市管理系统开发环境

任务一　Java 简介

◎ 教学目标

1. 素养目标

（1）学习者对 Java 语言有全面的了解，激发学习兴趣；

（2）了解 Java 的应用前景，为个人职业发展规划打好基础。

2. 知识目标

（1）了解 Java 语言的发展历史；

（2）了解 Java 语言的特点；

（3）了解 Java 语言的应用，熟知 Java 在不同领域的应用体系平台。

3. 能力目标

（1）能够利用网络学习资源，拓展 Java 语言的相关知识；

（2）能够按照要求规范编写文档。

◎ 任务导入

了解 Java 语言的发展、语言的特点，熟悉 Java 的行业应用。

【想一想】

你知道 Java 产生的原因吗？

◎ 知识准备

视频 1-1
Java 语言简介

1. Java 语言简介

Java 是一种高级的面向对象的程序设计语言。Java 既安全、可移植，又可跨平台，而且人们发现它能够解决 Internet 上的大型应用问题，从 PC 机到手机上都有 Java 开发的程序和游戏。1991 年，Sun 公司的 James Gosling 等人开始开发名称为 Oak 的语言，目标定位在家用电器等小型系统的程序语言，主要应用于电视机、电话、闹钟、烤面包机等家用电器的控制和通信。由于这些智能化家电的市场需求没有预期的高，Sun 公司放弃了此项计划。随着互联网的发展，Sun 公司看见 Oak 在互联网上应用的前景，于是改造了 Oak，于 1995 年 5 月以 Java 的名称正式发布。Java 伴随着互联网的迅猛发展而发展，逐渐成为重要的网络编程语言。

Java 编程语言的风格十分接近 C++ 语言，继承了 C++ 语言面向对象技术的核心，Java 舍弃了 C++ 语言中容易引起错误的指针，改以引用替换，同时移除原 C++ 与原来运算符重载，也移除多重继承特性，改用接口替换，增加垃圾回收器功能。在 Java SE 1.5 版本中引入了泛型编程、类型安全的枚举、不定长参数和自动装/拆箱特性。Sun 公司对 Java 语言的解释是："Java 编程语言是个简单、面向对象、分布式、解释性、健壮、安全与系统无关、可移植、高性能、多线程和动态的语言。"

Java 不同于一般的编译语言或直译语言。它首先将源代码编译成字节码，然后依赖各种不同平台上的虚拟机来解释执行字节码，从而实现了"一次编写，到处运行"的跨平台特性。在早期 JVM 中，这在一定程度上降低了 Java 程序的运行效率。但在 J2SE 1.4.2 发布后，Java 的运行速度有了大幅提升。与传统形态不同，Sun 公司在推出 Java 时就将其作为开放的技术。全球数以万计的 Java 开发公司被要求其所设计的 Java 软件必须相互兼容。"Java 语言靠群体的力量而非公司的力量"是 Sun 公司的口号之一，并获得了广大软件开发商的认同。这与微软公司所倡导的注重精英和封闭式的模式完全不同。此外，微软公司后来推出了与之竞争的 .NET 平台以及模仿 Java 的 C# 语言。后来 Sun 公司被甲骨文公司并购，Java 也随之成为甲骨文公司的产品。

2. Java 语言的特点

Java 语言的特点主要表现在：简单、面向对象、自动的内存管理、分布计算、健壮性、安全性、解释执行、平台无关性、多线程、异常处理、动态性等方面。

（1）简单

由于 Java 的结构类似于 C 和 C++ 语言，所以，一般情况下，熟悉 C 与 C++ 语言的编程人员稍加学习，就不难掌握 Java 的编程技术了。出于安全、稳定性的考虑，Java 语言去除了 C++ 中一些不容易理解又容易出错的部分，如指针。Java 所具有的自动内存管理机制也大大简化了 Java 程序设计开发。

（2）面向对象

Java 语言是一种新的面向对象的程序设计语言，它除了几种基本的数据类型外，大都是类似于 C++ 中的对象和方法，程序代码大多体现了类机制，以类的形式组织，由类来定义对象的各种行为。

Java 提供了简单的类机制和动态的构架模型，对象中封装了它的状态变量和方法（函数、过程），实现了模块化和信息隐藏；而类则提供了一类对象的原型，通过继承和多态机制，子类可以使用或者重新定义父类或者超类所提供的过程，从而实现代码的复用。

（3）自动的内存管理

Java 的自动垃圾回收（Auto Garbage Collection）实现了内存的自动管理，因此简化了 Java 程序开发的工作，早期的 GC（Garbage Collection）对系统资源抢占太多而影响整个系统的运行，Java2 对 GC 进行的改良使 Java 的效率有了很大提高。GC 的工作机制是周期性地自动回收无用存储单元。Java 的自动内存回收机制在简化程序开发的同时，提高了程序的稳定性和可靠性。

（4）分布计算

Java 为程序开发提供了 java. net 包，该包提供了一组使程序开发者可以轻易实现基于 TCP/IP 的分布式应用系统。此外，Java 还提供了专门针对互联网应用的类库，如 URL、Java mail 等。

（5）健壮性

Java 语言的设计目标之一就是编写高可靠性的软件。Java 语言提供了编译时检查和运行时检查，用户可以满怀信心地编写 Java 代码，在开发过程中，系统将会发现很多错误，不至于错误推迟到产品发布时才发现。

（6）安全性

Java 的设计目的是提供一个用于网络/分布式的计算环境。因此，Java 强调安全性，如确保无病毒、小应用程序运行安全控制等。Java 的验证技术是以公钥（public – key）加密算法为基础，而且从环境变量、类加载器、文件系统、网络资源和名字空间等方面实施安全策略。

（7）解释执行

Java 解释器（Interpreter）可以直接在任何已移植的解释器的机器上解释、执行 Java 字节代码，不需要重新编译。当然，其版本向上兼容，因此，如果是高版本环境下编译的 Java 字节代码，在版本环境下运行也许会有部分问题。

（8）平台无关性

Java 是网络空间的"世界语"，编译后的 Java 字节码可以在所有提供 Java 虚拟机（JVM）的多种不同主机、不同处理器上运行。"write once, run every where!" 也许是 Java 最诱人的特点。用 Java 开发而成的系统，其移植工作几乎为零，一般情况下只需对配置文件、批处理文件做相应修改即可实现平滑移植。

（9）多线程

Java 的多线程（multithreading）机制使程序可以并行运行。同步机制保证了对共享数据的正确操作。多线程使程序设计者可以用不同的线程分别实现各种不同的行为，例如，用户在 WWW 浏览器中浏览网页时，还可以听音乐，并且后台浏览器可以同时下载图像，因此，使用 Java 语言可以非常轻松地实现网络上的实时交互行为。

（10）异常处理

C 语言程序员大都有使用 goto 语句来做条件跳转，Java 编程中不支持 goto 语句。Java 采用异常模型使程序的主流逻辑变得更加清晰明了，并且能够简化错误处理工作。

（11）动态性

Java 语言的设计目标之一是适应动态变化的环境。Java 在类库中可以自由地加入新方法和实例变量，而不影响用户程序的执行。Java 通过接口来支持多重继承，使其具有更灵活的方式和扩展性。

3. Java SE、Java EE 和 Java ME

Java 是编译 – 解释型语言。编译型语言如 C、C ++，代码是直接编译成机器码执行，但是不同的平台（x86、ARM 等），CPU 的指令集不同，因此，需要编译出每一种平台的对应机器码。解释型语言如 Python、Ruby 没有这个问题，可以由解释器直接加载源码后运行，代价是运行效率太低。Java 是将代码编译成一种"字节码"，它类似于抽象的 CPU 指令，然后针对不同平台编写虚拟机，不同平台的虚拟机负责加载字节码并执行，这样就实现了"一次编写，到处运行"的效果。当然，这是针对 Java 开发者而言的。对于虚拟机，需要为每个平台分别开发。为了保证不同平台、不同公司开发的虚拟机都能正确执行 Java 字节码，Sun 公司制定了一系列的 Java 虚拟机规范。从实践的角度看，JVM 的兼容性做得非常好，低版本的 Java 字节码完全可以正常运行在高版本的 JVM 上。

随着 Java 的广泛应用，Java 分为 Java SE（Java2 Platform Standard Edition，Java 平台标准版）、Java EE（Java2 Platform Enterprise Edition，Java 平台企业版）、Java ME（Java2 Platform Micro Edition，Java 平台微型版）三个体系。

Java SE（Standard Edition）：Java SE 以前称为 J2SE。它允许开发和部署在桌面、服务器、嵌入式环境和实时环境中。Java SE 包含了支持 Java Web 服务开发的类，并为 Java EE 提供基础。

Java EE（Enterprise Edition）：这个版本以前称为 J2EE。企业版本帮助开发和部署可移植、健壮、可伸缩且安全的服务器端 Java 应用程序。Java EE 是在 Java SE 的基础上构建的，它提供 Web 服务、组件模型、管理和通信 API，可以用来实现企业级的面向服务体系结构（service - oriented architecture，SOA）和 Web 2.0 应用程序。

Java ME（Micro Edition）：这个版本以前称为 J2ME。Java ME 为在移动设备和嵌入式设备（比如手机、PDA、电视机顶盒和打印机）上运行的应用程序提供一个健壮且灵活的环境。Java ME 包括灵活的用户界面、健壮的安全模型、许多内置的网络协议以及对可以动态下载的连网和离线应用程序的丰富支持。基于 Java ME 规范的应用程序只需编写一次，就可以用于许多设备，而且可以利用每个设备的功能。

这三者之间的关系如图 1 - 1 所示。

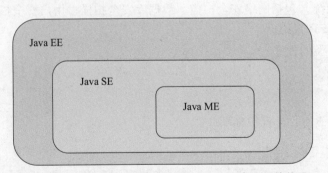

图 1 - 1 Java EE、Java SE、Java ME 三者之间的关系

简单来说，Java SE 就是标准版，包含标准的 JVM 和标准库，而 Java EE 是企业版，它只是在 Java SE 的基础上加上了大量的 API 和库，以便开发 Web 应用、数据库、消息服务等，Java EE 应用使用的虚拟机和 Java SE 的完全相同。Java ME 就和 Java SE 不同，它是一个针对嵌入式设备的"瘦身版"，Java SE 的标准库无法在 Java ME 上使用，Java ME 的虚拟机也是"瘦身版"。

毫无疑问，Java SE 是整个 Java 平台的核心，而 Java EE 是进一步学习 Web 应用所必需的。Spring 等框架都是 Java EE 开源生态系统的一部分。不幸的是，Java ME 之前在早期的智能手机中广泛应用，现在 Android 开发成为移动平台的标准之一，因此，如果没有特殊需求，不建议学习 Java ME。

因此，根据目前需求的岗位核心能力，推荐的 Java 学习途径如下：

①首先要学习 Java SE，掌握 Java 语言、Java 核心开发技术以及 Java 标准库的使用；

②若要从事 Java EE 工程师、Web 开发给工程师等岗位，需要继续学习 Java EE，学习的后续内容是 Spring 框架、数据库开发、分布式架构；

③若要从事大数据开发工程师等岗位，那么 Hadoop、Spark、Flink 这些大数据平台就是需要学习的，它们都是基于 Java 或 Scala 开发的；

④若要从事移动开发工程师岗位，那么就要深入 Android 平台，掌握 Android App 的开发。

无论怎么选择，Java SE 的核心技术都是基础。

4. Java 应用领域

由于 Java 语言具有上述优秀特性，所以其应用前景必然美好，未来发展肯定会与互联网的发展需求绑定。

①所有面向对象的应用开发；

②软件工程中需求分析、系统设计、开发实现和维护；

③中小型多媒体系统设计与实现；

④消息传输系统；

⑤分布计算交易管理应用（JTS/RMI/CORBA/JDBC 等技术应用）；

⑥Internet 的系统管理功能模块的设计，包括 Web 页面的动态设计、网站信息提供管理和交互操作设计等；

⑦Intranet（企业内部网）上完全基于 Java 和 Web 技术的应用开发；

⑧Web 服务器后端与各类数据库连接管理器（队列、缓冲池）；

⑨安全扫描系统（包括网络安全扫描、数据库安全扫描、用户安全扫描等）；

⑩网络/应用管理系统；

⑪其他应用类型的程序。

任务评价

请扫描二维码查看任务评价标准。

任务评价 1-1

任务二 搭建开发环境

教学目标

1. 素养目标

（1）培养学习者开源、共享的职业理念；

（2）培养学习者沟通交流、相互协作的专业素养。

2. 知识目标

(1) 了解 JDK 的概念和各个版本的特点;

(2) 掌握 JDK 的下载、安装步骤;

(3) 掌握 JDK 环境变量的配置方法。

3. 能力目标

(1) 能够熟练搭建 Java 的开发环境;

(2) 能够查阅资料,拓展学习领域。

任务导入

安装 Java 开发工具包 JDK、进行环境变量的配置,完成 JDK 开发环境的搭建。安装配置成功后,测试环境变量配置是否成功,在命令提示符窗口输入"javac"命令,得到如图 1-2 所示效果。

图 1-2　运行效果

【想一想】

如何搭建 Java 开发环境?

视频 1-2

搭建开发环境

知识准备

1. JDK 与 JRE

Java 运行环境,即 Java Runtime Environment,简称为 JRE,是在任何平台上运行 Java 编写的程序都需要用到的软件。终端用户可以通过软件或者插件方式得到和使用 JRE。Sun 公司还发布了一个 JRE 的更复杂的版本,叫作 JDK(Java Development Kit),即 Java 开发者工具包。那么 JRE 和 JDK 之间是什么关系呢?简单地说,JRE 就是运行 Java 字节码的虚拟机。但是,如果只有 Java 源码(源程序),要编译成 Java 字节码,就需要 JDK,因为 JDK 除了包含 JRE 外,还提供了编译器、调试器等开发工具,因此,搭建 Java 的开放环境就变成了安装配置 JDK。JDK 和 JRE 二者之间的关系如图 1 – 3 所示。

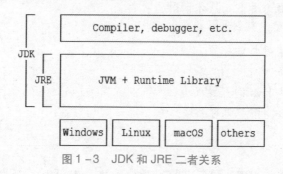

图 1 – 3　JDK 和 JRE 二者关系

　　JDK 现在是一个开源、免费的工具。JDK 是其他 Java 开发工具的基础，也就是说，在安装其他开发工具之前，必须首先安装 JDK。对于初学者来说，使用该开发工具进行学习，可以在学习的初期把精力放在 Java 语言语法的学习上，体会更多底层的知识，这对于以后的程序开发很有帮助。

　　但是 JDK 未提供 Java 源代码的编写环境，这是 Sun 公司提供的很多基础开发工具的"通病"，所以，实际的代码编写还需要在其他的文本编辑器中进行。比如，Java 可以在记事本中进行代码编写，其实大部分程序设计语言的源代码都是一个文本文件，只是存储成了不同的后缀名罢了。

2. 集成开发环境

　　Java 源代码本质上其实就是普通的文本文件，所以，理论上来说，任何可以编辑文本文件的编辑器都可以作为 Java 代码编辑工具。比如，Windows 记事本、写字板、Word 等。但是这些简单工具没有语法的高亮提示、自动完成等功能，这些功能的缺失会大大降低代码的编写效率。所以，学习开发时，一般不会选用这些简单文本编辑工具。一般会选用一些功能比较强大的类似记事本的工具，比如，Notepad + + 、Sublime Text、EditPlus、UltraEdit、Vim 等。

　　初学 Java 时，为了能更好地掌握 Java 代码的编写，一般会选用一款高级记事本作为开发工具，而实际项目开发时，更多的还是选用集成 IDE 作为开发工具，比如当下最流行的两款工具：Eclipse、IDEA。所谓集成 IDE，就是把代码的编写、调试、编译、执行都集成到一个工具中，不用单独再为每个环节使用工具。下面以 Eclipse 为例，进行简单介绍。

　　Eclipse 是著名的跨平台的自由集成开发环境（IDE）。最初主要用于 Java 语言开发，通过安装不同的插件，Eclipse 可以支持不同的计算机语言，比如 C + + 和 Python 等开发工具。Eclipse 是一个开放源代码的、基于 Java 的可扩展开发平台。它本身只是一个框架和一组服务，但通过众多插件的支持，使它具备更强的功能和灵活性。许多软件开发商以 Eclipse 为框架开发自己的 IDE。Eclipse 附带了一个标准的插件集，包括 Java 开发工具 JDK。本教材使用 Eclipse 作为开发演示环境，原因在于：完全免费使用，并且所有功能完全满足 Java 开发需求。

　　（1）下载安装 Eclipse

　　Eclipse 下载的官网地址为 https://www.eclipse.org/downloads/packages/，需要下载的版本是 Eclipse IDE for Java Developers，根据操作系统是 Windows、Mac 还是 Linux，选择对应的

链接下载。该软件为绿色免安装软件，解压缩后就可以直接运行，如图 1-4 所示。

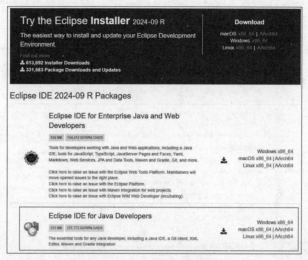

图 1-4 Eclipse 下载界面

（2）设置 Eclipse

启动 Eclipse，对 IDE 环境做基本设置：选择菜单"Eclipse/Window"→"Preferences"，打开配置对话框，如图 1-5 所示。

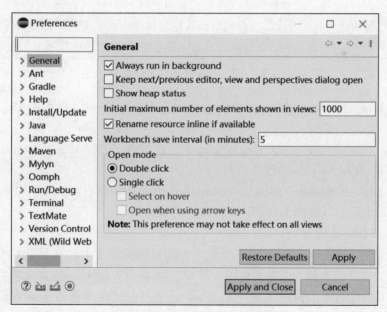

图 1-5 Eclipse 配置对话框

需要调整以下设置项：

①单击"General"→"Editors"→"Text Editors"→"Show line numbers"，这样编辑器会显示行号。

②单击"General"→"Workspace"→"Refresh using native hooks or polling"，这样 Eclipse

会自动刷新文件夹的改动；如果"Text file encoding"选项不是"UTF - 8"，一定要改为"UTF - 8"，所有文本文件均使用 UTF - 8 编码。在"New text file line delimiter"中选择"UNIX"，即换行符使用\n，而不是 Windows 的\r\n，如图 1 - 6 所示。

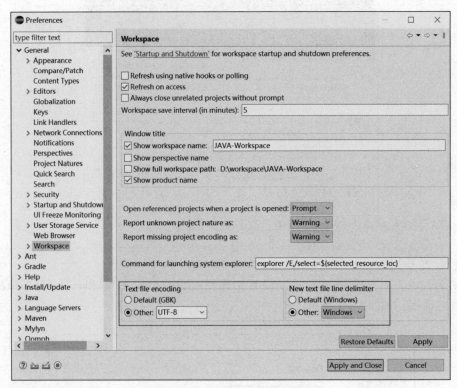

图 1 - 6　Eclipse 工作区设置

③单击"Java"→"Compiler"，将"Compiler compliance level"设置为 19，并且编译到 Java 19 的版本。

取消勾选"Use default compliance settings"，并勾选"Enable preview features for Java 19"，这样就可以使用 Java 19 的预览功能。

④单击"Java"→"Installed JREs"，在 Installed JREs 中应该看到 Java SE 19，如果还有其他的 JRE，可以删除，以确保 Java SE 19 是默认的 JRE。

（3）Eclipse IDE 结构

IDE 由若干个区域组成，如图 1 - 7 所示。中间可编辑的文本区（见②）是编辑器，用于编辑源码；分布在左右和下方的是视图，其中，Package Exploroer 是 Java 项目的视图（见①），Console 是命令行输出视图（见④），Outline 是当前正在编辑的 Java 源码的结构视图（见③）；视图可以任意组合，然后把一组视图定义成一个 Perspective（见⑤），Eclipse 预定义了 Java、Debug 等几个 Perspective，用于快速切换。

任务实施

任务分析

在一台计算机上安装 Java 开发工具包 JDK、进行环境变量的配置，完成 JDK 开发环境

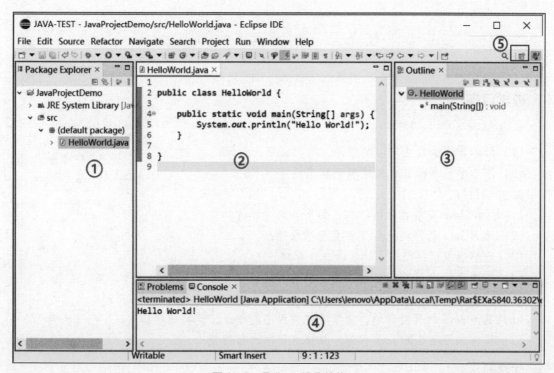

图 1-7 Eclipse IDE 结构

的搭建。首先需要下载 Java 开发工具包 JDK；接下来安装、配置 JDK 环境变量；最后测试 JDK 开发环境。

任务实现

请扫描二维码下载任务工单、安装配置 JDK 操作说明书。

任务工单 1-1

任务二 安装配置 JDK 操作说明书

注意：配置 JDK 时，常见下面两种错误。

①JDK 的安装和配置路径错误，路径应该类似于 D:\Program Files\Java\jdk-19\bin。

②分隔符号错误，例如，错误地将半角分号打成冒号或使用全角的分号。

任务评价

请扫描二维码查看任务评价标准。

任务评价 1-2

任务三　Java 运行原理

◎ 教学目标

1. 素养目标

（1）培养学习者自主学习的理念、主动探究的意识；

（2）培养学习者精益求精的职业素养。

2. 知识目标

（1）了解 Java 安装目录的结构，熟悉各文件包的功能；

（2）理解 Java 程序的执行步骤及运行原理；

（3）理解虚拟机的概念、功能及工作原理；

（4）掌握 Java 程序编译、运行、查看的相关指令。

3. 能力目标

（1）熟悉 Java 的开发环境，能顺利完成程序的编译、运行操作；

（2）能够编写简单的 Java 程序，并拥有简单的排错能力。

◎ 任务导入

编写一个简单的程序，实现"1 + 2 = 3"，理解 Java 程序的运行原理。

【想一想】

Java 程序是如何在不同的操作系统上运行的？

◎ 知识准备

1. JDK 的目录结构

JDK 中含有 Java 开发用到的工具集，包含了 Java 运行环境（JRE）和 Java 开发工具（编译器、调试器、javadoc 等）。人们就是依靠 JDK 来开发和运行 Java 程序的。一般 JDK 的目录结构见表 1 - 1。

表 1 - 1　JDK 目录功能

目录名称	功能说明
bin	启动 Java 虚拟机（JVM）和运行 Java 应用程序所需的可执行文件
conf	JDK 的相关配置文件
include	包含其他语言写的程序、平台特定的头文件
jmods	该路径下存放了 JDK 的各种模块
jre	开发时 Java 程序的运行环境
legal	该路径下存放了 JDK 各模块的授权文档
lib	包含了 Java 核心代码、rt.jar 包（包含 Java 定义的类字节码文件）、别人写好的 Java 类、补充的 jar 包

2. Java 程序运行原理

一个 Java 程序的执行按照以下三步进行。

第一步：编写源代码（.java）文件。

第二步：将 Java 源代码（.java）文件通过编译器（javac.exe）编译成字节码文件（.class）。

第三步：将字节码文件通过 java.exe 执行，对字节码文件进行解析、执行，并输出结果，如图 1-8 所示。

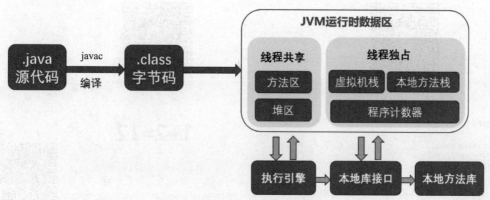

图 1-8　Java 程序执行步骤

Java 虚拟机（Java Virtual Machine，JVM）是运行所有 Java 程序的抽象计算机，是 Java 语言的运行环境。虚拟机是一种抽象化的计算机，是通过在实际的计算机上仿真模拟各种计算机功能来实现的。Java 虚拟机有自己完善的硬体架构，如处理器、堆栈、寄存器等，还具有相应的指令系统。Java 虚拟机屏蔽了与具体操作系统平台相关的信息，使 Java 程序只需生成在 Java 虚拟机上运行的目标代码（字节码），就可以在多种平台上不加修改地运行。JVM 在 Java 程序执行时至关重要，其向下屏蔽了操作系统的差异，也正因为 JVM 的该作用，才使 Java 这门编程语言能够实现跨平台。

其原理大致可描述为图 1-9 所示。

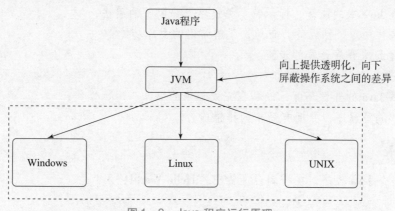

图 1-9　Java 程序运行原理

任务实施

任务分析

按照 Java 运行原理的三个步骤，首先编写程序代码 Addition.java，完成 "1 + 2 = 3" 这个功能；然后编译程序，生成字节码文件 Addition.class；使用 javap - v Procedure.class 查看字节码文件解析内容；最后运行结果。

任务实现

请扫描二维码下载任务工单、Java 运行原理任务实施操作说明书。

任务工单 1 - 2

任务三　Java 运行原理任务实施操作说明书

运行程序结果如图 1 - 10 所示。

图 1 - 10　运行结果

任务评价

请扫描二维码查看任务评价标准。

任务评价 1 - 3

任务四　Java 语法规则

教学目标

1. 素养目标

（1）培养学习者编程的规则意识，养成良好的编程习惯；

（2）培养学习者注重细节、精益求精的工匠精神。

2. 知识目标

（1）掌握 Java 中的注释、标识符、关键字、分隔符的用法；

（2）掌握程序源文件规范、布局，了解常用的类库功能；

（3）掌握 Java 程序开发的步骤。

3. 能力目标

（1）熟悉 Java 的开发环境，能顺利完成程序的编译、运行操作；

（2）能够编写程序，并拥有简单的排错能力。

任务导入

编写第一个 Java 程序，在控制台上输出 "Hello World!"。

【想一想】

学习一门语言，为什么必须要学习它的语法规则？

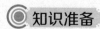 **知识准备**

1. Java 语言基本语法

字符是组成 Java 程序的基本单位，Java 语言源程序使用 Unicode 字符集。Unicode 采用 16 位二进制数表示 1 个字符，可以表示 65 535 个字符。标准 ASCII 码采用 8 位二进制数表示 1 个字符，共有 128 个字符。如果要表示像汉字这样由双字节组成的字符，采用 ASCII 码是无法实现的。ASCII 码对应 Unicode 的前 128 个字符。因此，采用 Unicode 能够比采用 ASCII 码表示更多的字符，这为在不同的语言环境下使用 Java 奠定了基础。

（1）Java 程序注释

注释是用来对程序中的代码进行说明，帮助程序员理解程序代码的作用，以便对程序代码进行调试和修改。在系统对源代码编译时，编译器将忽略注释部分的内容。Java 语言有三种注释方式：

以 // 为分隔符的注释，用来注释一行文字；

以 / * … */ 为分隔符的注释，可以将一行或多行文字说明作为注释内容；

以 / ** … */ 为分隔符的注释，用于生成程序文档中的注释内容。

一般情况下，如果阅读源程序代码，用前两种方法给代码加注释。如果程序经过编译之后，程序员得不到源程序代码，要了解程序中类、方法或变量等的相关信息，可以通过生成程序注释文档的方法，程序员通过阅读注释文档，便可了解到类内部方法和变量的相关信息。

JDK 提供的 javadoc 工具用于生成程序的注释文档。要将程序生成注释文档，须执行：

```
javadoc -private HelloWorld.java
```

该命令执行结束后，生成了名为 index.html 的文件，在浏览器中阅读该文档，可以看到程序中方法和变量的说明信息。参数"-private"表示生成的文档中，将包括所有类的成员。

（2）Java 标识符

Java 程序是由类和接口组成的，类和接口中包含方法和数据成员。编写程序时，需要为类、接口、方法和数据成员命名，这些名字称为标识符。

标识符可以由多种字符组成，可以包含字母、数字、下划线、美元符（$），但首字符不能是数字，不能包括操作符号（如 +、-、/、* 等）和空格等。例如：HelloWorld、set-MaxValue、UPDATE_FLAG 都是合法的标识符，而 123、UPDATE - FLAG、ab * cd、begin flag 等都是非法的标识符。

Java 编程语言区分大小写，字符组成相同但大小写不同视为不同的标识符，如 strName 和 StrName 为不同的名称。

（3）Java 关键字

标识符用来为类、方法或变量命名。按照标识符的组成规则，程序员可以使用任何合法的标识符，但 Java 语言本身保留了一些特殊的标识符——关键字，它不允许在程序中为程序员定义的类、方法或变量命名。关键字有着特定的语法含义，一般用小写字母表示。

（4）Java 分隔符

在编写程序代码时，为了标识 Java 程序各组成元素的起始和结束，通常要用到分隔符。

Java 语言有两种分隔符：空白符和普通分隔符。

空白符：包括空格、按 Enter 键、换行和制表符等符号，用来作为程序中各个基本成分间的分隔符。各基本成分之间可以有一个或多个空白符，系统在编译程序时，忽略空白符。

普通分隔符：也用来作为程序中各个基本成分间的分隔符，但在程序中有确定的含义，不能忽略。Java 语言的常见分隔符如下：

- {} 大括号，用来定义复合语句（语句块）、方法体、类体及数组的初始化；
- ; 分号，语句结束标志；
- , 逗号，分隔方法的参数和变量说明等；
- : 冒号，说明语句标号；
- [] 大括号，用来定义数组或引用数组中的元素；
- () 圆括号，用来定义表达式中运算的先后顺序，或在方法中，将形参或实参括起来；
- . 句点，用于分隔包，或者用于分隔对象和对象引用的成员方法或变量。

2. Java 编程规范

（1）源文件规范

在 Java 源文件中，可以定义多个类，但只有一个类可以被声明为 public。该类的名称必须与文件的名称完全匹配，包括大小写。如果一个类被声明为 public，那么文件名必须与该类的名称完全一致，并且一个源文件中只能有一个 public 类。例如：

```
/* Dog.java 源文件*/
public class Dog{…}/* 因为源文件名是 Dog.java,所以,只有 Dog 这个类是
public 类型*/
class Category{…}//有 class,这也是类,但不是 public 类型的
class Place{…}//有 class,这也是类,但不是 public 类型的
```

（2）源文件布局

一个程序开始一般可以包含三个"顶级"要素，分别是零个或一个 package（包）声明语句、零个或多个 import（包）引入语句、一个或多个类定义语句。

package 类似于一个文件夹，文件夹内有各种文件；package 存在的意义是防止命名冲突而造成使用不便。同一个文件夹内无法存在同名的文件，而不同名的文件夹里允许存在同名文件，因此，不同文件夹即不同 package 中允许出现相同 class 名。

引用是代码中要使用别的类或者库，所以要声明它引用的内容的来源，使用 import 语句引入。例如：Dog 类位于 Animal 包，Place 类位于 PlaceStore 包，但如果在 Dog 类中的代码要引用 Place 类，就要在 Dog 类的前面引入该类的语句。

（3）JDK 提供的基本类库

import 语句不仅能引入其他的类，还能引入类库，Java 有自带的类库。JDK 的 Java 类库中的几个重要包如下。

- java.lang：该包是 Java 语言的核心包，它提供了 Java 中的基础类。包括基本 Object 类、Class 类、String 类、基本类型的包装类、基本类型的数学类等最基本的类。

- java. io：该包提供了全面的 I/O 接口。包括文件读写、标准设备输出等。Java 中的 I/O 是以流为基础进行输入/输出的，所有数据被串行化写入输出流，或者从输入流读入。
- java. awt：该包是用于创建用户界面和绘制图形图像的所有分类。在 AWT 术语中，诸如按钮或滚动条之类的用户界面对象称为组件。Component 类是所有 AWT 组件的根。
- java. net：该包是网络通信常用类包。
- java. util：该包是实用工具类包，包含一些常用的实用类。例如，日期（Data）类、日历（Calendar）类、随机数（Random）类等。

任务实施

视频 1-4
第一个 Java 程序实现

任务分析

本任务的实现主要分为以下几步：

第一步：用文本编辑器编写代码。

第二步：在命令提示符窗口编译程序，若存在问题，需要进行代码调试。

第三步：运行程序，输出结果。

任务实现

请扫描二维码下载任务工单、Java 语法规则任务实施操作说明书。

任务工单 1-3　　　　　　　　　简单 Java 程序的编写编译及运行

使用记事本编写简单 Java 代码，并在命令提示符窗口使用 javac 命令进行编译，并使用 java 命令运行编译后的字节码文件，在命令窗口输出运行结果，如图 1-11 所示。

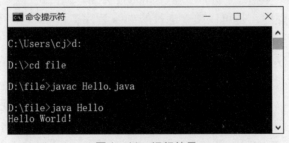

图 1-11　运行结果

任务评价

请扫描二维码查看任务评价标准。

任务评价 1-4

任务五　Java 程序分类

教学目标

1. 素养目标

（1）培养学习者辩证思维；

（2）培养学习者规范的编码习惯。

2. 知识目标

（1）了解 Java 的三种基本程序类型；

（2）理解 Servlet 程序的工作原理；

（3）理解 Application 程序的运行原理。

3. 能力目标

（1）熟练编写 Application 程序；

（2）能根据任务实施操作说明编写 Applet 程序。

任务导入

分别编写 Application 程序和 Applet 程序，在屏幕上输出"Hello World!"。

【想一想】

Java 程序有哪几种类型？

知识准备

Java 程序的分类

Java 程序分为 Application、Applet、Servlet 三种类型。

Application：应用程序，是可以独立运行的 Java 程序，由 Java 解释器控制执行，也是最常见的类型。

Applet：Java 小程序，不能独立运行，需要嵌入 Web 页中，由 Java 兼容浏览器控制执行，现在使用得比较少。

Servlet：是 Java Servlet 的简称，狭义的 Servlet 是指 Java 语言实现的一个接口，广义的 Servlet 是指任何实现了这个 Servlet 接口的类。一般情况下，人们将 Servlet 理解为后者。Servlet 运行于支持 Java 的应用服务器中。从原理上讲，Servlet 可以响应任何类型的请求，但绝大多数情况下，Servlet 只用来扩展基于 HTTP 协议的 Web 服务器。用 Java 编写的服务器端程序，主要功能是交互式地浏览和修改数据，生成动态 Web 内容。Servlet 的工作是读入用户发来的数据，Servlet 的主要工作是处理 Web 页面的表单数据；找出隐含在 HTTP 请求中的其他请求信息，如浏览器功能细节、请求端主机名等；产生结果，调用其他程序、访问数据库、直接计算；格式化结果，一般用于网页；设置 HTTP response 参数，如告诉浏览器返回文档格式，将文档返回给客户端。

任务实施

任务分析

分别编写 Application 程序和 Applet 程序，在屏幕上输出"Hello World！"。Java Application 是完整的程序，只要有支持 Java 的虚拟机（JVM），它就可以独立运行而不需要其他文件的支持，静态 main 方法可作为程序标志。任务四就是 Application 程序实现的方法，此处不再赘述。任务实现部分主要讲解 Applet 程序实现步骤。

任务实现

请扫描二维码下载任务工单、Applet 程序任务实施操作说明书。

任务工单1-4

任务五 Applet 程序任务实施操作说明书

任务评价

请扫描二维码查看任务评价标准。

任务评价1-5

任务六 企业典型实践项目实训

实训 搭建超市管理系统开发环境

1. 需求描述

拟采用 Java 编程语言为学校超市开发一款超市管理系统软件，需要先搭建好 JDK＋Eclipse＋MySQL 系统开发环境。

2. 实训要点

熟练掌握开发环境的搭建步骤、配置要求，掌握 Java 程序的运行原理，能编写简单程序来验证开发环境是否可用。

3. 实现思路及步骤

（1）下载、安装、配置 JDK；

（2）下载、安装、配置 Eclipse；

（3）下载、安装、MySQL 服务；

（4）下载、安装、配置数据库图形化管理工具 Navicat Premium；

（5）编写简单 Java 程序并运行，测试环境搭建是否可用。

4. 任务实现

请扫描二维码下载任务工单。

任务工单1-5

实训评价

请扫描二维码查看任务评价标准。

知识拓展

Java 赋能新质生产力发展

Java 职业发展规划需综合考虑技能、软技能、职业目标及未来趋势。

在技能提升方面，首先需精通 Java 核心技术，包括语法、面向对象编程等，并深入了解 JVM、性能调优等。接着，熟练掌握 Spring 等主流框架，了解微服务架构。数据库技术方面，要掌握关系型与非关系型数据库的操作和管理。同时，关注大数据、云计算等新兴技术，如 Hadoop、Spark 等。

软技能对于职业发展同样重要。提升沟通能力，确保与团队、项目经理等有效沟通；增强问题解决能力，快速分析并解决问题；保持持续学习，跟进技术趋势，参加培训、阅读书籍等。

在职业发展规划上，要明确短期与长期目标，如成为初级、中级开发者或技术专家等。制订详细学习计划，分解目标为可执行任务。通过参与实际项目积累实践经验，尝试不同项目类型和技术领域。同时，通过撰写技术博客、参与开源项目等，建立个人品牌和影响力。拓展人脉关系，与同行、专家建立联系，参加行业活动。

综上所述，Java 职业发展规划需全面考虑技能提升、软技能培养、明确职业目标以及紧跟未来发展趋势。通过不断学习、实践与交流，Java 开发者可在职业生涯中取得长足进步。在不断变化的技术环境中，保持竞争力与前瞻性，实现个人与职业的共同发展。

模块测试

一、选择题

1. Java 应用程序和 Java Applet 有相似之处，因为它们都是（　　）。

A. 用 javac 命令编译的　　　　　　　　B. 用 java 命令执行的

C. 在 HTML 文档中执行的　　　　　　　D. 拥有一个 main( ) 方法

2. 下列关于 Java 语言特性的描述中，错误的是（　　）。

A. 支持多线程操作

B. Java 程序与平台无关

C. Java 和程序可以直接访问 Internet 上的对象

D. 支持单继承和多继承

3. Java 采用的 16 位代码格式是（　　）。

A. Unicode　　　　B. ASCII　　　　C. EBCDIC　　　　D. 十六进制

4. 当编写一个 Java Applet 时，以（　　）为扩展名将其保存。

A. .app　　　　　B. .html　　　　　C. .java　　　　　D. .class

5. 推出 Java 语言的公司是（　　）。

A. IBM   B. Apple   C. Microsoft   D. Sun

二、填空题

1. 每个 Java 应用程序都可以包括许多方法，但必须有且只有一个＿＿＿＿＿方法。

2. Java 程序中最多只有一个＿＿＿＿＿类，其他类的个数不限。

三、判断题

1. 在 Java 的源代码中，定义几个类，编译结果就生成几个以 .class 为后缀的字节码文件。　　　　　　　　　　　　　　　　　　　　　　　　　　　　（　　）

2. 每个 Java Applet 均派生自 Applet 类，并且包含 main( ) 方法。　（　　）

3. Java 程序由类组成。　　　　　　　　　　　　　　　　　　　（　　）

4. Java Application 与 Java Applet 没有区别。　　　　　　　　　（　　）

四、简答题

1. Java 语言的特点是什么？

2. Java 源程序的命名规则是什么？

3. Java 的应用领域有哪些？

模块二
Java 语言基础

模块情境描述

　　软件技术专业大一学生小王如愿进入理想的大学并开始计算机专业知识的学习。小王经常在影视剧中看到计算机专业人员通过编写程序代码来完成复杂的工作，感觉非常神秘，那么究竟如何利用计算机来编写程序呢？小王通过上网搜索发现，每一种编程语言都要遵循语法规则，熟练地运用这些内容，可以大大提高编程效率。

　　Java 语言基础是学习 Java 语言的基石，只有掌握好基础，才能写出优秀的程序，满足各种需求。本模块共有 6 个任务，通过任务的学习，让学习者掌握 Java 语言基础，熟悉 Java 中的数据类型、数据类型转换、运算符和表达式，并熟练使用流程控制语句、数组及字符串的处理方法。

　　通过本模块的学习，能够动手写出有关 Java 的基本语法的案例，激发学生主动学习意识，提高学生对 Java 软件工程师岗位的工作热情；通过了解相关程序员在社会中的贡献，培养学生的职业认同感和担当精神，以 Java 基本语法的严谨性引导学生养成良好的职业习惯。

　　本模块任务知识点如下：

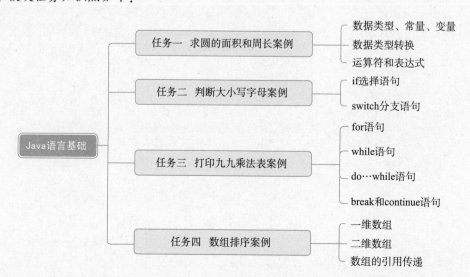

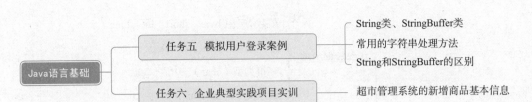

任务五　模拟用户登录案例 ── String类、StringBuffer类
常用的字符串处理方法
String和StringBuffer的区别

任务六　企业典型实践项目实训 ── 超市管理系统的新增商品基本信息

任务一　求圆的面积和周长案例

教学目标

1. 素养目标

（1）培养学生遵纪守法的良好品质；

（2）培养学生养成良好的编码习惯。

2. 知识目标

（1）掌握 Java 中的基本数据类型；

（2）理解数据类型的自动转换和强制转换；

（3）掌握变量和常量的定义；

（4）掌握运算符和表达式的使用方法。

3. 能力目标

（1）能定义不同数据类型的变量和常量；

（2）能正确使用各类运算符；

（3）能利用运算符解决常见的数学问题。

任务导入

编写程序输出半径为 15 的圆的面积和周长。

知识准备

视频 2 - 1

（数据类型、常量、变量）

1. 数据类型

数据类型是用来对数据进行分类的，是指程序中能够表示和处理哪些类型的数据。Java 的数据类型可以分为基本数据类型和引用数据类型。基本数据类型主要有整数类型、浮点类型、字符类型和布尔类型 4 种；引用数据类型有类、接口和数组 3 种。Java 中的数据类型如图 2 - 1 所示。

不同类型的数据的取值范围不同，在内存中所占的空间也不相同。表 2 - 1 对 Java 提供的基本数据类型和取值范围进行了总结。

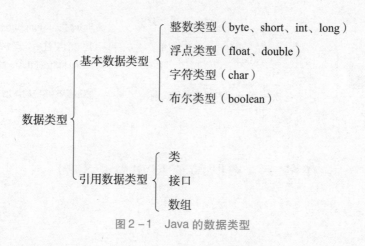

图 2-1　Java 的数据类型

表 2-1　Java 的基本数据类型

类型名称	类型描述	字节	取值范围
byte	字节型	1	$-2^7 \sim 2^7-1$（$-128 \sim 127$）
short	短整型	2	$-2^{15} \sim 2^{15}-1$（$-32\ 768 \sim 32\ 767$）
int	整型	4	$-2^{31} \sim 2^{31}-1$
long	长整型	8	$-2^{63} \sim 2^{63}-1$
float	单精度浮点型	4	$-3.4 \times 10^{38} \sim 3.4 \times 10^{38}$（7 位有效位）
double	双精度浮点型	8	$-1.7 \times 10^{308} \sim 1.7 \times 10^{308}$（15 位有效位）
char	字符型	2	$0 \sim 65\ 535$（\u0000 \sim \uFFFF）
boolean	布尔型	1	false，true

2. 常量

常量是指在程序运行过程中，其值不能被修改的量。Java 中常用的常量有整型常量、实型常量、字符常量、布尔常量、字符串常量和自定义常量。

（1）整型常量

整型常量可以采用十进制整数、八进制整数和十六进制整数三种形式表示。十进制整数的第一位不能为 0，如 45、-45；八进制整数以数字 0 开头，如 012；十六进制整数以数字 0x 或 0X 开头，如 0x12。

整型常量默认为 int 类型。如果要表示一个数为长整型，需要在这个数的末尾添加一个大写字母 L 或小写字母 l，如 789L、036l。

（2）实型常量

实型常量用于表示带小数的数值常量，又称为浮点型常量或实数。实型常量分为单精度浮点常量（float）和双精度浮点常量（double）两种。

要指定单精度浮点常量，需在常量后加上后缀 F 或 f。如 1.23F、0.56f 都是单精度浮点常量。

要指定双精度浮点常量，需在常量后加上后缀 D 或 d。如 1.23D、0.56d 都是双精度浮点常量。

如果无后缀，则默认为双精度浮点常量。如 1.23、0.56 都是双精度浮点常量。

实型常量也可以采用指数形式表示。如 1.23e8 表示 1.23×10^8，$-6.7e-9$ 表示 -6.7×10^{-9}。

（3）字符常量

字符常量用于表示单个字符，要求用单引号括起来。如'a'、'+'、'2'。

还可以用转义字符表示一些特殊字符。表 2-2 列出了常用的转义字符。

表 2-2　常用的转义字符

转义字符	含义
\n	换行，将光标移至下一行的起始处
\t	水平制表符（Tab），将光标移至下一个制表符位置
\b	退格，光标退一格
\r	按 Enter 键，将光标移至当前行的开始
\\	反斜杠
\'	单引号
\"	双引号
\ddd	用 3 位八进制数表示的字符
\uxxxx	用 4 位十六进制数表示的字符

（4）布尔常量

布尔常量包括两个值：true 和 false，分别代表布尔逻辑中的"真"和"假"。

（5）字符串常量

字符串常量是用双引号括起来的字符序列，如" hello "、"Thank you!\n"。可以使用连接符"＋"将多个字符串连接起来，组成一个字符串，如"How"＋"are"＋"you!"。

（6）自定义常量

在 Java 中，自定义常量通常用大写字母来表示，通过 final 关键字来声明。其声明语句的一般形式为：

```
final　数据类型名　常量名＝表达式；
```

例如：

```
final　double　PI＝3.1415；
```

其中，"常量名"是一种标识符，其命名必须遵循标识符的命名规则，所以有必要了解 Java 中标识符的命名规则。

- 标识符必须由字母、数字、下划线(_)和美元符号($)组成，并且首字符不能是数字。标识符的长度不能超过 65 535 个字符。
- 区分大小写字母，也就是说，a 和 A 是不同的标识符。
- 标识符不能是 Java 的关键字。所谓关键字，是指由 Java 语言定义的，具有特殊含义的字符序列。Java 中常用的关键字见表 2 - 3。

表 2 - 3　Java 中的关键字

abstract	assert	boolean	break	byte	case	do
catch	char	class	const	continue	default	double
else	enum	extends	final	finally	float	for
goto	if	implements	import	instanceof	int	interface
long	native	new	package	private	protected	public
return	strictfp	short	static	super	switch	synchronized
this	throw	throws	transient	try	void	volatile

3. 变量

变量，顾名思义，就是指在程序运行过程中，其值可以被修改的量。

一般来说，人们习惯使用变量来存储程序中需要处理的数据。在使用变量之前，需要使用声明语句对变量进行声明。Java 中，变量声明语句的一般形式为：

```
数据类型名    变量名列表;
```

其中，"数据类型名"可以是前面介绍的基本数据类型；"变量名列表"可以是一个或多个变量名。变量名的命名和常量一样，也需要遵循标识符的命名规则。Java 允许将同类型的变量定义在一行语句中，用逗号隔开。例如：

```
int    num1,num2,num3;
```

在 Java 中，还可以在声明变量的同时给变量赋初值。例如：

```
char   c1 = 'A';
double  a = 1.23,b;
```

变量可以分为局部变量和成员变量。局部变量是在方法或语句块内部定义的变量，作用域是当前方法或当前语句块，需要在初始化时赋值。成员变量是在方法外部或类的内部定义的变量，作用域是整个类，有默认值。

在 Java 中，如果在声明成员变量时没有给变量赋初值，则会给该变量赋默认值。表 2 - 4 列出了各种基本数据类型的默认值。

表 2 - 4　成员变量的默认值

数据类型	默认值
byte	（byte）0
short	（short）0
int	0
long	0L

续表

数据类型	默认值
float	0.0f
double	0.0d
char	'\u0000'
boolean	false

【例2-1】变量的初始化和常量显示。

```java
public class DataTypeDemo{
    public static void main(String[]args){
        System.out.println(100);//整型常量
        System.out.println(-100);
        System.out.println(3.13);//浮点常量
        System.out.println(-1.12);
        System.out.println('A');//字符常量
        System.out.println('2');
        System.out.println(true);//布尔常量
        System.out.println("helloworld");//字符串常量
        //变量的定义
        int age;
        age=20;
        System.out.println("age 的值是"+age);
        int i,j,k=30;//一条语句声明三个变量
    }
}
```

运行该程序，可在屏幕上看到如图2-2所示的运行结果。

【例2-2】转义字符的应用。

```java
public class DataTypeDemo2{
    public static void main(String[]args){
        char a='\"';
        char b='\\';
        System.out.println("a="+a);
        System.out.println("b="+b);
        System.out.println("\"Welcome to China!\"");
    }
}
```

```
100
-100
3.13
-1.12
A
2
true
helloworld
age的值是20
```

图2-2　运行结果

运行结果如图2-3所示。

```
a="
b=\
"Welcome to China!"
```

图2-3　运行结果

视频2-2
（数据类型转换）

4. 数据类型转换

相同类型的数据可以直接进行运算。不同类型的数据进行运算时，要将数据类型转换成同一类型再进行运算。数据类型转换有自动转换和强制转换两种。

（1）自动转换

数据类型自动转换的过程由 Java 编译系统自动进行，不需要程序特别说明。自动转换时所遵循的转换规则如下：

低　byte→short→char→int→long→float→double　高

箭头表示数据的转换方向，即箭头前面的类型可以自动转换成箭头后面的类型。

（2）强制转换

不能通过自动转换完成的数据类型转换，可以通过强制转换将数据转换成指定的类型。强制转换的格式如下：

（目标数据类型）表达式

【例2-3】数据类型转换。

```java
public class TranDataType1{
    public static void main(String[]args){
        byte b = 3;
        short s = 5;
        char c = 'c';
        int result1 = b + c + s;
        System. out. println("result1 = " + result1);
        float f = 3. 14f;
        int result2 = (int)(f* f);
        System. out. println("result2 = " + result2);
    }
}
```

在本例中，变量 b、s、c 可以自动转换成 int 数据类型，float 类型的变量通过强制转换成整型。运行该程序，运行结果如图2-4所示。

```
result1=107
result2=9
```

图2-4　运行结果

5. 运算符和表达式

（1）算术运算符

Java 语言中的算术运算符包括单目运算符和双目运算符。单目运算符有正号、负号、自增运算符和自减运算符；双目运算符有加、减、乘、除和取模运算符。具体描述见表 2-5。

表 2-5　Java 中的算术运算符

运算符		名称	功能
单目运算符	+	正号	表示数字本身的值
	-	负号	表示一个数的相反数
	++	自增运算符	表示将变量的值加 1
	--	自减运算符	表示将变量的值减 1
双目运算符	+	加法运算符	表示两个数相加
	-	减法运算符	表示两个数相减
	*	乘法运算符	表示两个数相乘
	/	除法运算符	表示两个数相除
	%	取模运算符	得到两个数的余数

使用算术运算符要注意以下几点：
- 只有整型数据才能进行取模（%）运算。
- 两个整数做除法运算，结果仍为整数，小数部分被截掉。例如，5/2 的结果为 2。
- 同种类型的数据参与运算，运算结果仍为该数据类型。不同类型的数据参与运算时，首先要将数据转换成同一种类型，然后进行运算。例如，对于 2*3.4，应先将整数 2 转换成实数 2.0 后，再与 3.4 相乘。
- 自增运算符和自减运算符的操作数只能是变量。运算符可以在变量前，也可以在变量后。运算符前置和后置的区别如下：

```
++a,--a;  //运算符前置,表示在使用 a 之前将 a 的值增1 或减1
a++,a--;  //运算符后置,表示在使用 a 之后将 a 的值增1 或减1
```

【例 2-4】自增、自减运算符应用举例。

```java
public class OperatorDemo1{
    public static void main(String[]args){
        int a=3,b=3;
        int x=6,y=6;
        System. out. println("a="+a);
        System. out. println("a++="+(a++)+",a="+a);
        System. out. println("b="+b);
        System. out. println("++b="+(++b)+",b="+b);
        System. out. println("x="+x);
```

```
System. out. println("x --= " + (x --) + ",x = " + x);
    System. out. println("y = " + y);
    System. out. println(" -- y = " + ( -- y) + ",y = " + y);
    }
}
```

运行该程序，结果如图 2-5 所示。

（2）关系运算符

关系运算符用来比较两个值的大小。关系运算符连接两个运算分量进行比较，若比较成立，返回值为 true，否则，为 false。

Java 中的关系运算符共有 6 种，见表 2-6。

```
a=3
a++=3,a=4
b=3
++b=4,b=4
x=6
x--=6,x=5
y=6
--y=5,y=5
```

图 2-5　运行结果

表 2-6　Java 中的关系运算符

运算符	名称	功能
>	大于	若 a > b，结果为 true，否则，为 false
<	小于	若 a < b，结果为 true，否则，为 false
>=	大于等于	若 a >= b，结果为 true，否则，为 false
<=	小于等于	若 a <= b，结果为 true，否则，为 false
==	等于	若 a == b，结果为 true，否则，为 false
!=	不等于	若 a != b，结果为 true，否则，为 false

【例 2-5】关系运算符应用举例。

```
public class OperatorDemo2 {
    public static void main(String[]args) {
        int i = 89,j = 298;
        boolean bResult;
        bResult = i > j;
        System. out. println("i > j is " + bResult);
        bResult = i <= j;
        System. out. println("i <= j is " + bResult);
        bResult = i != j;
        System. out. println("i != j is " + bResult);
    }
}
```

运行该程序，结果如图 2-6 所示。

（3）逻辑运算符

逻辑运算符实现逻辑运算，用于将多个关系表达式或逻辑值组成一个逻辑表达式。逻辑表达式运算结果为布尔类型值 true 或 false。

```
i>j is false
i<=j is true
i!=j is true
```

图 2-6　运行结果

Java 中的逻辑运算符共有 3 种，见表 2 - 7。

表 2 - 7 Java 中的逻辑运算符

运算符	名称	功能
!	逻辑非	对操作数的值取反
&&	逻辑与	当两个操作数都为 true 时，结果才为 true
‖	逻辑或	当两个操作数有一个为 true 时，结果就为 true

【例 2 - 6】逻辑运算符应用举例。

```java
public class OperatorDemo3{
    public static void main(String[]args){
        boolean result1 = (9 > 6) && (100 < 130);
        boolean result2 = (9 > 6) ‖ (100 < 130);
        boolean result3 = ! (290 > 100);
        System. out. println("result1 的结果为 " + result1);
        System. out. println("result2 的结果为 " + result2);
        System. out. println("result3 的结果为 " + result3);
    }
}
```

运行该程序，结果如图 2 - 7 所示。

【例 2 - 7】逻辑运算符"短路"现象。

```java
public class OperatorDemo4{
    public static void main(String[]args){
        System. out. println(" ---------- && 的短路测试 ---------- ");
        int a = 3,b = 2;
        boolean result1 = (a < b) && ( ++b == a);
        System. out. println("result1 = " + result1 + ",a = " + a + ",b = " + b);
        System. out. println(" ---------- ‖ 的短路测试 ---------- ");
        int x = 3,y = 2;
        boolean result2 = (x > y) ‖ ( ++y == x);
        System. out. println("result2 = " + result2 + ",x = " + x + ",y = " + y);
    }
}
```

运行该程序，结果如图 2 - 8 所示。

```
result1的结果为 true
result2的结果为 true
result3的结果为 false
```

图 2 - 7 运行结果

```
----------&&的短路测试----------
result1=false,a=3,b=2
----------‖的短路测试----------
result2=true,x=3,y=2
```

图 2 - 8 运行结果

在例2-7的代码中，发现对于逻辑与和逻辑或，存在"短路"现象，具体表现为：对于 a&&b 来说，如果表达式 a 为 false，那么整个表达式也肯定为 false，所以表达式 b 不会被运算；对于 a‖b 来说，如果表达式 a 为 true，那么整个表达式的值为 true，则没有必要再运算表达式 b。

（4）位运算符

位运算符用于对二进制位进行操作。位运算的操作数和结果都是整数。

Java 中的位运算符共有7种，见表2-8。

表2-8 Java 中的位运算符

运算符	名称	功能
~	按位取反	对二进制数按位取反
&	按位与	将两个二进制数对应位按位做与运算
‖	按位或	将两个二进制数对应位按位做或运算
^	按位异或	将两个二进制数对应位按位做异或运算
>>	按位右移	将二进制数右移指定位数
<<	按位左移	将二进制数左移指定位数
>>>	不带符号的按位右移	将二进制数右移指定位数，左边的空位一律添加0

位运算符的几点说明：

- 按位与：两个操作数相应位都为1，则该位结果为1，否则，结果为0。
- 按位或：两个操作数相应位有一个为1，则该位结果为1。
- 按位异或：两个操作数相应位不相同时，结果为1，否则，结果为0。
- 按位左移：将操作数的各个二进制位全部左移指定位，并在低位补0。
- 按位右移：将操作数的各个二进制位全部右移指定位，移出右端的低位被舍弃，左边空出的位填写原数的符号位。
- 不带符号的按位右移：将操作数的各个二进制位全部右移指定位，移出右端的低位被舍弃，左边空出的位一律添加0。

【例2-8】位运算符应用举例。

```java
public class OperatorDemo5{
    public static void main(String[]args){
        int x=5,y=12;
        System.out.println("按位与的结果为"+(5&12));
        System.out.println("按位或的结果为"+(5|12));
        System.out.println("按位异或的结果为"+(5^12));
        int a=12,b=-3;
        System.out.println(a+"左移两位以后的结果为:"+(a<<2));
        System.out.println(b+"右移两位以后的结果为:"+(b>>2));
        System.out.println(b+"无符号右移两位以后的结果为:"+(b>>>2));
    }
}
```

运行该程序，结果如图2-9所示。

> 按位与的结果为**4**
> 按位或的结果为**13**
> 按位异或的结果为**9**
> 12左移两位以后的结果为：**48**
> -3右移两位以后的结果为：**-1**
> -3无符号右移两位以后的结果为：**1073741823**

图2-9 运行结果

在 Java 中，整型数据类型的长度为 32 位，因此，5 对应的二进制数为 00000000 00000000 00000000 00000101，12 对应的二进制数为 00000000 00000000 00000000 00001100，根据按位与的运行规则，5&12 的结果为 00000000 00000000 00000000 00000100，即十进制数 4。同理，可以计算出按位或的结果为十进制数 13，按位异或的结果为十进制数 9。

12 对应的二进制数为 00000000 00000000 00000000 00001100，左移 2 位以后变为 00000000 00000000 00000000 00110000，即十进制数 48。图 2-10 显示了对 -3 进行右移、无符号右移的具体计算过程。由于 -3 为负数，在计算机中采用补码形式进行保存，所对应的补码为 11111111 11111111 11111111 11111101。

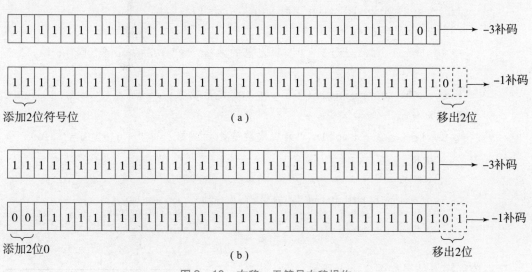

图2-10 右移、无符号右移操作

（a）负数的右移操作；（b）负数的无符号右移操作

（5）赋值运算符

赋值运算符主要用于给变量赋值。Java 中包含的赋值运算符见表 2-9。

表2-9 **Java** 中的赋值运算符

运算符	名称	功能
=	赋值	a = b 表示将 b 的值赋给 a
+=	加赋值	a += b 等价于 a = a + b

续表

运算符	名称	功能
−=	减赋值	a −= b 等价于 a = a − b
*=	乘赋值	a *= b 等价于 a = a * b
/=	除赋值	a/= b 等价于 a = a/b
%=	取模赋值	a%= b 等价于 a = a%b
<<=	算术左移赋值	a <<= b 等价于 a = a << b
>>=	算术右移赋值	a >>= b 等价于 a = a >> b
>>>=	逻辑右移赋值	a >>>= b 等价于 a = a >>> b
& =	位与赋值	a& = b 等价于 a = a&b
| =	位或赋值	a | = b 等价于 a = a | b
^=	位异或赋值	a^= b 等价于 a = a^b

【例2-9】赋值运算符应用举例。

```java
public class OperatorDemo6{
    public static void main(String[]args){
        int a =10,b =6;
        System.out.println("改变之前的数:a =:" +a +",b =" +b);
        a +=b ++;
        System.out.println("第一次改变之后的数:a =" +a +",b =" +b);
        a % =b;
        System.out.println("第二次改变之后的数:a =" +a +",b =" +b);
        int x =5,y =2;
        x <<=2;
        System.out.println("x 的值为:" +x);
    }
}
```

运行该程序，结果如图2-11所示。

在本例中，a += b ++ 等价于 a = a + (b ++)，++ 运算符后置，先进行加法操作，再进行自加操作。运算完成后，a 的值为 16，b 的值为 7。a%= b 等价于 a = a%b，进行取模操作。x <<=2 等价于 x = x<<2，进行左移操作。

```
改变之前的数:a=:10,b=6
第一次改变之后的数:a=16,b=7
第二次改变之后的数:a=2,b=7
x的值为:20
```

图2-11 运行结果

（6）表达式

表达式是用运算符将操作数连接起来的符合语法规则的运算式。操作数可以是常量、变量和方法调用。表达式中允许出现圆括号，用于改变运算顺序。表达式表示一种求值规则，是程序设计中的一种基本成分，它描述了对哪些数据、以什么次序、进行什么样的操作。在

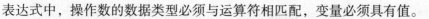

表达式中，操作数的数据类型必须与运算符相匹配，变量必须具有值。

运算符的优先级决定了在表达式中各个运算符执行的先后顺序。同一优先级的运算次序由结合性决定。

Java 中运算符的优先级和结合性见表 2 - 10。

表 2 - 10　Java 运算符的优先级和结合性

优先级	运算符	名称	结合性
1	( )	圆括号	从左至右
	[ ]	数组下标运算符	
	.	成员选择运算符	
2	++、--	后置自增、自减运算符	
3	++、--	前置自增、自减运算符	从右至左
4	!	逻辑非	
	~	按位求反	
	+、-	正号、负号	
5	( )	强制类型转换	
	new	动态存储分配	
6	*、/、%	乘法、除法、取模	从左至右
7	+、-	加法、减法	
8	<<、>>、>>>	左移位、右移位、不带符号右移位	
9	>、<、>=、<=	大于、小于、大于等于、小于等于	
10	==、!=	等于、不等于	
11	&	按位与	
12	^	按位异或	
13	|	按位或	
14	&&	逻辑与	
15	||	逻辑或	
16	?:	条件运算符	
17	=、+=、-=、*=、/=、%=、>>=、<<=、>>>=、&=、^=、|=	赋值运算符	从右至左

在表 2 - 10 中，第一列优先级表示各个运算符的优先级顺序，数字越小，优先级越高；最后一列为结合性，表示运算符与操作数之间的关系及相对位置。当使用同一优先级的运算符时，结合性将决定谁会先被处理。

例如：

```
a = b + d/5 * 4;
```

这个表达式中包含了不同优先级的运算符，其中，"/""＊"的优先级高于"＋"，而"＋"又高于等号，但"/""＊"两者的优先级是相同的，究竟是 d 该先除以 5 再乘以 4，还是 5 乘以 4 后，d 再除以这个结果呢？结合性解决了这个问题。算术运算符的结合性是由左至右，就是在相同优先级的运算符中，先由运算符左边的操作数开始处理，再处理右边的操作数。在本例中，由于"/""＊"的优先级相同，按照结合性规则，d 会先除以 5 再乘以 4。

任务实施

请扫描二维码下载任务工单及本任务的程序代码。

任务工单 2 - 1

任务一的程序代码

编译并运行程序，运行结果如图 2 - 12 所示。

半径为15的圆的周长是：94.2477
半径为15的圆的面积是：706.85775

图 2 - 12　运行结果

任务评价

请扫描二维码查看任务评价标准。

任务评价 2 - 1

任务二　判断大小写字母案例

教学目标

1. 素养目标
（1）培养学生的职业认同感和使命担当精神；
（2）激发学生主动学习意识。

2. 知识目标
（1）掌握 if 语句的语法格式；
（2）掌握 switch 语句的使用方法。

3. 能力目标

（1）熟练应用 if 语句；

（2）掌握 switch 语句的使用方法；

（3）完成项目中 if…else 语句的应用。

任务导入

从键盘输入一个字符，如果输入的是小写字母，则在屏幕上输出"该字符是小写字母"；如果输入的是大写字母，则在屏幕上输出"该字符是大写字母"；否则，在屏幕上输出"该字符不是字母"。

知识准备

1. if 选择语句

if 条件语句有 3 种形式：if 语句、if…else…语句和多重 if…else…语句。

（1）if 语句

if 语句为单分支条件语句，一般形式为：

```
if （表达式）
    语句；
```

执行过程如下：首先计算表达式的值，若为 true（或非 0 值），执行语句；若为 false（或 0），则跳过 if 语句，执行后继语句。

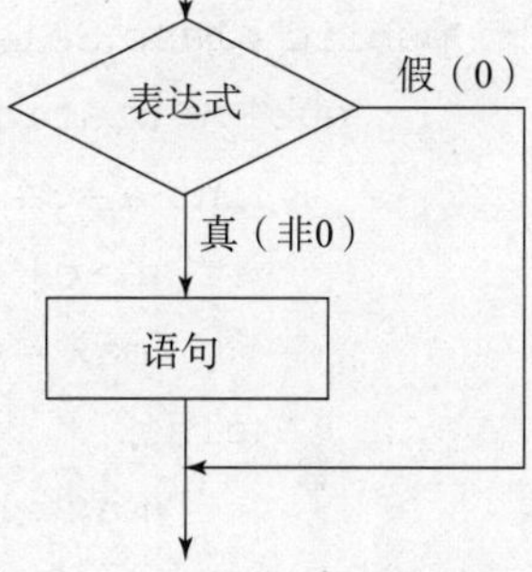

if 语句流程图如图 2-13 所示。

【例 2-10】 判断一个数是否为偶数。

视频 2-3
（程序控制-选择语句-if）

图 2-13　if 语句执行流程

```
public class SelectDemo1{
    public static void main(String[]args){
        int x =100;
        if(x % 2 ==0){
            System.out.println("x 为偶数");
        }
    }
}
```

运行该程序，运行结果如图 2-14 所示。

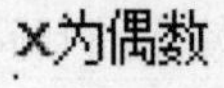

（2）if…else…语句

if…else…语句为双分支条件语句，一般形式为：

```
if(表达式)
    语句 1；
```

x 为偶数

图 2-14　运行结果

```
else
    语句 2;
```

执行过程如下：首先计算表达式的值，若为 true（或非 0 值），则执行语句 1；若为 false（或 0），则执行语句 2。

上述执行过程用流程图表示，如图 2 – 15 所示。

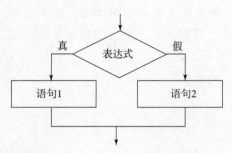

图 2 – 15　if…else…语句执行流程图

【例 2 – 11】求 a、b 的最大值。

```
public class SelectDemo2 {
    public static void main( String args[]) {
        int a = 34, b = 75, max;
        if( a > b)
            max = a;
        else
            max = b;
        System. out. println( "a,b 中较大数值为:" + max);
    }
}
```

运行该程序，程序的运行结果如图 2 – 16 所示。

有一种运算符等价于使用 if…else…进行变量赋值，即三目运算符，见表 2 – 11。

a,b中较大数值为: 75

图 2 – 16　运行结果

表 2 – 11　三目运算符

运算符	功能
?:	根据条件的成立与否来决定结果是 ":" 前还是 ":" 后的表达式

使用三目运算符时，操作数有 3 个，其格式为：

变量 = 条件判断？表达式 1:表达式 2

将上面的格式以 if 语句解释，就是当条件成立时，执行表达式 1，否则，执行表达式 2。

【例 2 – 12】三目运算符的应用。

```
public class SelectDemo3{
    public static void main(String[]args){
        int x = 7,y = 10,max;
        max = x > y? x:y;
        System.out.println("最大值为" + max);
        System.out.println(" --- 与其等价的 if else 语句 ---- ");
        if(x > y)
            max = x;
        else
            max = y;
        System.out.println("最大值为" + max);
    }
}
```

运行该程序，程序的运行结果如图 2 - 17 所示。

（3）多重 if…else…语句

多重 if…else…语句为多分支条件语句，一般形式为：

```
最大值为10
---与其等价的if else语句----
最大值为10
```

图 2 - 17　运行结果

```
if  （表达式 1）
        语句 1;
else if  （表达式 2）
        语句 2;
…
else if  （表达式 n）
        语句 n;
else
        语句 n + 1;
```

执行过程如下：首先计算表达式 1 的值，若为 true （或非 0 值），则执行语句 1；若为 false （或 0），则继续计算表达式 2 的值，依此类推，直到找到一个值为 true （或非 0 值）的表达式，就执行其后相应的语句。如果所有表达式的值都为 false （或 0），则执行最后一个 else 后的语句 n + 1。

上述执行过程用流程图表示，如图 2 - 18 所示。

【例 2 - 13】判断一个学生的成绩。

```
public class SelectDemo4{
    public static void main(String[]args){
        int m = 89;
        if(m > = 90)
```

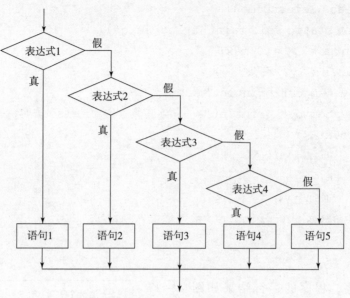

图2-18　多重 if…else…语句执行流程

```
        System.out.println("该生成绩为"+m+",评论为优");
    else if(m>=80)
        System.out.println("该生成绩为"+m+",评论为良");
    else if(m>=60)
        System.out.println("该生成绩为"+m+",评论为中");
    else
        System.out.println("该生分数为"+m+",不及格");
    }
}
```

运行该程序，运行结果如图2-19所示。

该生成绩为89，评论为良

图2-19　运行结果

2. switch 分支语句

switch 语句也是一种多分支条件语句，一种形式为：

```
switch(表达式)
{
    case  常量表达式1：
        语句1；
        break；
    case  常量表达式2：
        语句2；
        break；
    ...
```

视频2-4
（程序控制-选择
语句-switch）

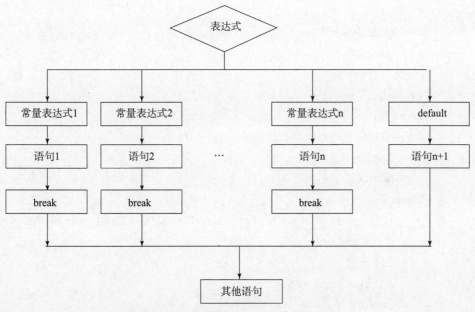

```
    case  常量表达式 n：
        语句 n;
        break;
    default：
        语句 n +1;
}
```

其执行过程是：首先计算 switch 后表达式的值，然后将该值与其后的常量表达式值逐个进行比较，当表达式的值与某个常量表达式的值相等时，则执行该常量表达式后的语句，switch 语句结束；如果表达式的值与所有 case 后的常量表达式的值均不相同，则执行 default 后的语句 n +1。

上述执行过程用流程图表示，如图 2 - 20 所示。

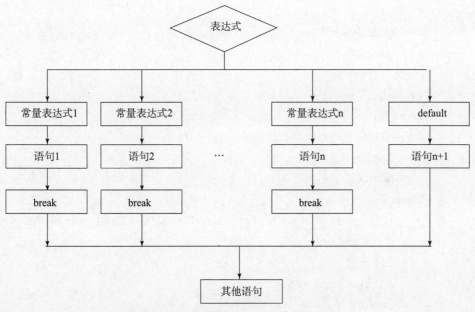

图 2 - 20　多重 if···else···语句执行流程

使用 switch 语句要注意以下几点：

①switch 后的表达式只能是整型表达式或字符表达式。

②多个 case 可以共用一组执行语句，如：

```
 case  常量表达式 1：
 case  常量表达式 2：
     语句 1;
     break;
```

③若 case 后面的语句有两条或两条以上，这些语句可以不用花括号"{}"括起来。

④default 语句可以省略。

【例 2 -14】使用 switch 语句判断一个月有多少天。

```java
public class SwitchExe{
    public static void main(String[]args){
        int month =2;
        int year =2020;
        int numDays =0;
        switch(month){
        case 1:
        case 3:
        case 5:
        case 7:
        case 8:
        case 10:
        case 12:
            numDays =31;
            break;
        case 4:
        case 6:
        case 9:
        case 11:
            numDays =30;
            break;
        case 2:
            if((((year % 4 ==0)&&! (year % 100 ==0))||(year % 400 ==0))
                numDays =29;
            else
                numDays =28;
            break;
        default:
            System. out. println("不合法的月份.");
            break;
        }
        System. out. println("该月有 " +numDays +"天");
    }
}
```

程序的运行结果如图 2 - 21 所示。

该月有 29天

在 switch 语句中，每一个 case 语句之后都加上了一个 break 语句，

图 2 - 21   运行结果

如果不加入此语句，则 switch 语句会从第一个满足条件的 case 开始依
次执行操作。

【例 2 - 15】未使用 break 语句跳出 case 语句案例。

```java
public class SelectDemo5{
    public static void main(String[]args){
        int m=2;
        switch(m){
        case 1:
            System.out.println("今天星期一");
            break;
        case 2:
            System.out.println("今天星期二");
        case 3:
            System.out.println("今天星期三");
        case 4:
            System.out.println("今天星期四");
        case 5:
            System.out.println("今天星期五");
            break;
        case 6:
            System.out.println("今天星期六");
        case 7:
            System.out.println("今天星期日");
        default:
            System.out.println("你输入的格式有误!");
        }
    }
}
```

运行该程序，运行结果如图 2 – 22 所示。

今天星期二
今天星期三
今天星期四
今天星期五

图 2 – 22　运行结果

（任务实施）

请扫描二维码下载任务工单、本任务的程序代码。

任务工单 2 – 2

任务二的程序代码

编译并运行程序，运行结果如图 2 – 23 所示。

请输入一个字符：
A
该字符是大写字母。

图 2 – 23　运行结果

43

任务评价

请扫描二维码查看任务评价标准。

任务三　打印九九乘法表案例

教学目标

1. 素质目标

（1）培养学生坚持学习的良好品质；

（2）提高学生对 Java 软件工程师岗位的工作热情。

2. 知识目标

（1）掌握 for 循环语句的使用方法；

（2）掌握 while 语句、do…while 的使用方法；

（3）理解 break 语句和 continue 语句。

3. 能力目标

（1）熟练应用 for 语句；

（2）熟练进行三种循环语句的转换；

（3）完成项目中循环语句的应用。

任务导入

编写程序，实现九九乘法表的打印。

知识准备

在程序中，当一条或一组语句需要重复执行多次时，不必将相同的语句写上多次，只需要使用循环结构即可。循环结构可以在很大程度上简化程序设计，特别是在一条或一组语句重复执行的次数事先未知的情况下，顺序结构是无能为力的，只能采用循环结构。在 Java 程序中，循环的次数由循环控制表达式决定，当满足循环控制表达式的条件时，循环中的语句就一直执行，直到不满足循环控制表达式的条件时，循环结束。被重复执行的语句称为循环体。

Java 语言提供了 3 种循环结构语句：for 语句、while 语句、do…while 语句。这 3 种循环语句各有特色，在许多情况下又可以相互替换。

1. for 语句

for 语句是 Java 中最常见、功能最强的循环语句，它既可以用于循环次数确定，也可以用于循环次数不确定而只给出循环结束条件的情况。其说明语句的一般形式为：

视频 2-5
（流程控制-循环）

```
for(表达式1;表达式2;表达式3)
    语句;
```

上述格式可以理解为:

```
for(循环变量初始化;循环条件;循环变量增值)
    循环体;
```

for 语句的执行过程如下:

①计算表达式 1 的值。

②计算表达式 2 的值,并进行判断。如果表达式 2 的值为真(或非 0 值),则执行循环体中的语句,然后转入第③步;如果表达式 2 的值为假(或 0),则转入第④步。

③计算表达式 3 的值,然后回到第②步。

④循环结束,执行 for 语句之后的下一条语句。

上述执行过程用流程图表示,如图 2-24 所示。

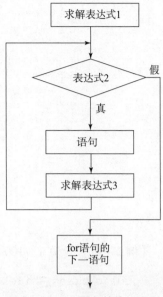

图 2-24 for 语句的执行流程

【例 2-16】计算 1~100 所有数的和。

```java
public class SumDemo1{
    public static void main(String[]args){
        int sum = 0;
        for(int i = 1;i <= 100;i ++){
            sum += i;
        }
        System.out.println("1 到 100 的和是" + sum);
    }
}
```

程序运行结果如图 2-25 所示。

需要注意的是,在 for 循环语句中,表达式 1、表达式 2 和表达式 3 都可以被分别或同时省略,但其中的分号(;)不能省略。

1到100的和是5050

图 2-25 运行结果

2. while 语句

while 语句是三种循环语句中最简单的一种。其说明语句的一般形式为:

```
while(表达式)
    语句;
```

执行过程如下:首先计算表达式的值,当值为真(或非 0)时,则执行循环体语句;否则,退出循环执行循环后面的语句。当执行过一次循环体语句后,再次计算条件中给出的表达式的值,若值仍为真(或非 0),则再次执行循环体语句,如此重复下去,直到表达式值为假(或 0),退出循环。所以,while 语句要求在循环体内包含能够改变表达式值的语句,以使循环在某一时刻能够结束,而不是一个死循环。while 语句的执行流程如图 2-26 所示。

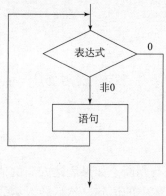

图2-26　while 语句的执行流程

【**例 2 - 17**】计算 1 ~ 100 所有偶数的和。

```java
public class WhileDemo1{
    public static void main(String[]args){
        int i = 2,sum = 0;
        while(i <= 100){
            sum = sum + i;
            i = i + 2;
        }
        System.out.println("1 到 100 之间所有偶数的和为:" + sum);
    }
}
```

运行结果如图 2 - 27 所示。

3. do…while 语句

do…while 语句是指直到某个条件不成立时才终止循环的执行。其说明语句的一般形式为：

```java
do
    语句;
while(表达式);
```

1到100之间所有偶数的和为：2550

图 2 - 27　运行结果

执行过程如下：先执行一次语句（即循环体），然后计算表达式的值，如果其值为真（或非 0），再次执行循环体，如此重复下去，直到某时刻表达式的值为假（或 0）时退出循环，执行 while 后边的语句。do…while 语句的执行流程如图 2 - 28 所示。

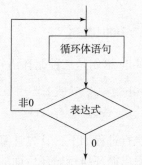

图 2 - 28　do…while 语句的执行流程

do…while 语句与 while 语句的区别在于：do…while 语句先执行循环体语句，再判断表达式的值；而 while 语句先判断表达式的值，再执行循环体语句。所以，如果表达式的值一开始就为假（或 0），do…while 语句中的循环体也会被执行一次，而 while 语句中的循环体则一次也不会被执行。

【例 2 – 18】计算 1 ~ 100 所有偶数的和。

```
public class DoWhileDemo1{
    public static void main(String[]args){
        int i = 2,sum = 0;
        do{
            sum += i;
            i = i + 2;
        }while( i <= 100);
        System. out. println("1 到 100 之间所有偶数的和为:" + sum);
    }
}
```

运行结果如图 2 – 27 所示。

对前面介绍的这三种循环语句做简单的比较：

①三种循环都可用来处理同一问题，一般可互相代替。

②while 和 for 循环是先判断后执行，而 do…while 是先执行后判断，其循环体语句至少可以执行一次。

③使用 while 和 do…while 循环时，循环变量初始化工作应在之前完成，而 for 语句一般在表达式 1 中做循环变量初始化工作。

④while 和 do…while 循环中，一般要在循环体中包含能使循环趋于结束的语句；而 for 语句一般在表达式 3 中完成这部分工作。

4. break 和 continue 语句

Java 中还有两条与循环语句密切相关的语句，即 break 和 continue 语句。在循环语句执行过程中，如果想要跳出循环或提前结束本次循环，就需要使用它们。

视频 2 – 6
（其他控制语句 – break
和 continue）

（1）break 语句

break 语句的语法格式为：

```
break;
```

在介绍 switch 语句时，曾经使用过 break 语句，用它来跳出 switch 语句，这是 break 语句的作用之一。它还有一个常用功能，就是放在循环语句中，用来提前结束循环。break 语句可以强迫程序中断循环，当程序执行到 break 语句时，即会离开循环，继续执行循环外的下一条语句，如果 break 语句出现在嵌套循环体中的内存循环，则 break 语句只会跳出当前层的循环。

【例 2 – 19】输出 1 ~ 5 五个整数。

```
public class BreakDemo{
```

```java
public static void main(String[]args){
    int i = 0;
    while(i < 10){
        if(i == 5)
            break;
        i++;
        System.out.println("i = " + i);
    }
}
```

运行该程序，运行结果如图 2 - 29 所示。

（2）continue 语句

continue 语句的语法格式为：

```
continue;
```

continue 语句的作用是在循环体中提前结束本轮循环体的执行，即跳过循环体中下面尚未执行的语句，接着进行下一次是否执行循环的判定。

通过下面的例子来看一下 continue 语句的使用。

【例 2 - 20】输出 1 ~ 9 中除 6 以外所有偶数的平方。

```
i=1
i=2
i=3
i=4
i=5
```

图 2 - 29　运行结果

```java
public class ContinueDemo{
    public static void main(String[]args){
        for(int i = 2;i <= 9;i ++){
            if(i == 6 || i%2 != 0){
                System.out.println("i = " + i + " - > continue");
                continue;
            }
            System.out.println(i + "* " + i + " = " + i* i);
        }
        System.out.println("Finished,bye!");
    }
}
```

运行该程序，运行结果如图 2 - 30 所示。

（任务实施）

请扫描二维码下载任务工单、该任务的程序代码。

```
2*2=4
i=3->continue
4*4=16
i=5->continue
i=6->continue
i=7->continue
8*8=64
i=9->continue
Finished,bye!
```

图 2 - 30　运行结果

任务工单 2-3

任务三代码

编译并运行程序，运行结果如图 2-31 所示。

```
1*1=1
1*2=2    2*2=4
1*3=3    2*3=6    3*3=9
1*4=4    2*4=8    3*4=12   4*4=16
1*5=5    2*5=10   3*5=15   4*5=20   5*5=25
1*6=6    2*6=12   3*6=18   4*6=24   5*6=30   6*6=36
1*7=7    2*7=14   3*7=21   4*7=28   5*7=35   6*7=42   7*7=49
1*8=8    2*8=16   3*8=24   4*8=32   5*8=40   6*8=48   7*8=56   8*8=64
1*9=9    2*9=18   3*9=27   4*9=36   5*9=45   6*9=54   7*9=63   8*9=72   9*9=81
```

图 2-31　运行结果

任务评价

请扫描二维码查看任务评价标准。

任务评价 2-3

任务四　数组排序案例

教学目标

1. 素养目标

（1）培养学生的爱国主义精神；

（2）培养学生良好的职业道德。

2. 知识目标

（1）掌握一维数组的定义与初始化；

（2）掌握二维数组的定义与初始化；

（3）理解数组的引用传递。

3. 能力目标

（1）熟练地定义一维数组、二维数组；

（2）利用数组完成项目中的应用。

任务导入

将下列数字按照从小到大的顺序排列。

9 3 1 4 2 7 8 6 5

知识准备

1. 一维数组

视频 2-7
（一维数组的定义
与初始化）

在程序中经常要处理成批的数据，比如一个老师可能需要在程序中保存班级中所有学生本门功课的考试成绩；一个销售人员可能要存储一年 12 个月中每个月的销售额等。这类数据有一个共同的特点：它们是若干个同类型的数据元素，并且各个元素之间存在某种逻辑上的关系。如果用单个变量表示这些数据元素，一方面，要使用很多变量，另一方面，无法体现数据元素之间的关系。Java 为保存这种数据类型提供了数组这一数据结构。

数组是一组在内存中连续存放的、具有同一类型的变量所组成的集合体。其中的每个变量称为数组的元素。数组可以是一维的，也可以是多维的。

在 Java 中，一维数组的定义有以下两种形式：

```
数据类型  数组名[];
数据类型[]  数组名;
```

其中，各部分的含义如下：

● 数据类型：数据类型表示数组的类型，即数组中各元素的数据类型，可以是基本数据类型或引用类型。

● 数组名：数组名是一个标识符，其命名要符合标识符的命名规则。

● [] 是数组的标志。定义数组只是为数组命名和指定数据类型，并不为数组分配内存空间，因此，[] 中不必写数组的元素个数。这一点与其他语言不同。

例如：

```
int  a[];char[]b;
```

定义了数组后，数组并没有得到内存空间，这样的数组还不能使用。数组只有经过初始化得到内存空间后才能使用。数组的初始化分为静态初始化和动态初始化两种。

①静态初始化是指在定义数组的同时，在 {} 中给出数组元素的初值。

```
数据类型  数组名[]={第 0 个元素值,第 1 个元素值,…};
```

或者

```
数据类型[]  数组名={第 0 个元素值,第 1 个元素值,…};
```

例如：

```
int  a[]={1,2,3,4};
int[]b={1,2,3,4};
```

②动态初始化是指通过 new 运算符为数组分配内存空间。格式如下：

```
数据类型  数组名[]=new  数据类型[数组元素个数];
```

例如：

```
int a[] = new int[4];
```

若要访问数组中的元素，可以利用下标来完成。Java 中数组的下标编号从 0 开始，以数组 score[10] 为例，score[0] 代表第 1 个元素，score[1] 代码第 2 个元素，依此类推，score[9] 代表第 10 个元素。图 2-32 中显示了数组中元素的表示方法及排列方式。

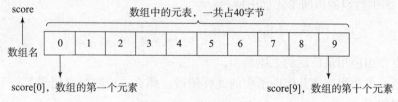

图 2-32　数组中的元素

数组的长度是指数组元素的个数。对于静态初始化的数组，初始值的个数就是数组的长度；对于动态初始化的数组，new 后方括号中的数字即为数组的长度。

例如：

```
int[]  results1 = {11,12,13,14,15};
int[]  results2 = new int[5];
```

数组 results1 为静态初始化，有五个初始值，故长度为 5。数组 results2 为动态初始化，根据 new 后方括号的值来确定数组的长度，因此，长度也是 5。

另外，数组的长度可以通过数组名.length 来获得。

例如：results1.length，可以获得 results1 的长度 5。

数组下标最大值为数组长度减 1，一旦下标超过最大值，将会产生数组越界异常（ArrayIndexOutOfBoundsException）。

【例 2-21】数组元素的赋值与输出。

```
public class ArrayDemo1 {
    public static void main(String[] args) {
        int array[] = new int[5];
        for(int i = 0; i < array. length; i ++)
            array[i] = i* 2 +2;
        for(int i = 0; i < array. length; i ++)
            System. out. print(array[i] + " \t");
    }
}
```

运行该程序，运行结果如图 2-33 所示。

```
2       4       6       8       10
```

图 2-33　运行结果

建议使用 length 属性使数组的下标在 0 ～ length-1 之间变化，这样既能避免产生下标越界的运行错误，又能使程序不受数组长度变化的影响，从而使程序更加稳定和易于维护。

视频 2 - 8
（二维数组）

2. 二维数组

多维数组是在一维数组声明方式的基础上，增加下标的维数，即增加 [ ] 的个数。多维数组的声明形式如下所示：

```
数据类型  数组名[][]…[];
```

下面重点介绍应用最广泛的二维数组。

如果说把一维数组当成几何图形中的线性图形，那么二位数组就相当于一个表格。二维数组定义格式如下：

```
数据类型  数组名[][];
```

或者

```
数据类型[][]  数组名;
```

二维数组的初始化也分为静态初始化和动态初始化两种。

①静态初始化。在定义数组的同时，在 {} 中给出数组元素的初值。格式如下：

```
数据类型  数组名[][]={{第 0 行元素的值},{第 1 行元素的值},…};
```

例如：

```
int  b[][]={{1,2,3},{4,5,6}};
```

该语句定义了一个具有 2 行 3 列 6 个元素的数组 b。

②动态初始化。通过 new 运算符为数组分配内存空间。格式如下：

```
数据类型  数组名[][]=new  数据类型[行数][列数];
```

或者

```
数据类型[][]  数组名=new  数据类型[行数][列数];
```

例如：

```
int  b[][]=new int[2][3];
```

在动态初始化时，可以各行单独进行，允许各行元素不同。

例如：

```
int c[][]=new int[3][];    //c 为 3 行二维数组
c[0]=new int[1];           //c[0]具有 1 个元素
c[1]=new int[3];           //c[1]具有 3 个元素
c[2]=new int[5];           //c[2]具有 5 个元素
```

该语句段定义了一个 3 行的二维数组 c，第一行中有 1 个元素，第二行中有 3 个元素，第三行中有 5 个元素。

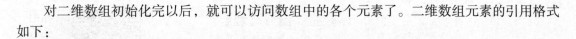

对二维数组初始化完以后，就可以访问数组中的各个元素了。二维数组元素的引用格式如下：

数组名[行下标][列下标]

和一维数组类似，二维数组的行下标和列下标也是从 0 开始的。

二维数组的 length 属性只返回第一维的长度，即行的长度；由于每一行仍然是一个一维数组，可以通过以下方式获取每一行的列数。

数组[行下标]. length

【例 2 – 22】二维数组的长度。

```
public class ArrayDemo2{
    public static void main(String[]args){
        int[][]array = {{1,34,21},{12,32},{32,12}};
        System. out. println("array 行数为:" + array. length);
        System. out. println("第一行的列数为:" + array[0]. length);
        System. out. println("第二行的列数为:" + array[1]. length);
        System. out. println("第三行的列数为:" + array[2]. length);
    }
}
```

运行该程序，运行结果如图 2 – 34 所示。

对于二维数组的操作，可以采用嵌套的 for 循环语句来完成，外层 for 循环用来控制行下标，内存 for 循环用来控制列下标。

【例 2 – 23】声明一个整型二维数组，为其赋值并求和。

```
array行数为: 3
第一行的列数为: 3
第二行的列数为: 2
第三行的列数为: 2
```

图 2 – 34 运行结果

```
public class ArrayDemo3{
    public static void main(String[]args){
        int myArray[][];//声明数组
        myArray = new int[5][10];//创建数组
        int total = 0;
        for(int i = 0;i < myArray. length;i ++)
            for(int j = 0;j < myArray[i]. length;j ++)
                myArray[i][j] = i* 10 +j;//为每个数组元素赋值
    for(int i = 0;i < myArray. length;i ++)
        for(int j = 0;j < myArray[i]. length;j ++)
            total += myArray[i][j];
        System. out. println("The sum is:" + total);
    }
}
```

运行该程序，运行结果如图 2 – 35 所示。

The sum is : 1225
图 2-35　运行结果

视频 2-9（数组的引用传递）

3. 数组的引用传递

数组是一种引用数据类型，和基本数据类型变量相比，相同点在于，都需要声明，都可以赋值；不同点在于，存储单元的分配方式不同，两个变量之间的赋值方式也不同。

基本数据类型的变量获得存储单元的方式是静态的，当声明了变量的数据类型之后，程序开始运行时，系统就为变量分配了存储空间。所以，声明变量后，就可以对变量赋值。两个变量之间的赋值，传递的是值本身。

例如：

```
int i =12,j;
j = i;
j ++;
```

声明了两个整型变量 i、j 后，i、j 就获得了存储单元，可以为它们赋值。两个变量之间赋值 j=i 意味着 j 得到的是变量 i 的值，之后改变 j 的值对 i 的值没有影响，具体过程如图 2-36 所示。

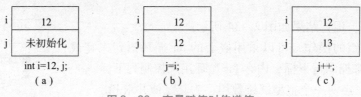

图 2-36　变量赋值时传递值
（a）变量声明；（b）（c）变量赋值

数组变量保存的是数组的引用，即数组占用的存储空间的地址，这是引用数据类型变量的特点。当声明了一个数组元素 a 而未申请空间时，数组变量 a 是未初始化的，没有地址值。只有为 a 申请了存储空间，才能以下标表示数组元素。两个数组变量之间赋值是引用赋值，传递的是地址等特性，没有申请新的存储空间。

例如：

```
int a[];
a = new int[5];
int b[];
b = a;
b[0] =10;
```

数组 b 获得数组 a 已有存储空间的地址，此处两个数组变量拥有同一个数组空间，通过数组 b 对数组元素操作的结果同时也会改变 a 的元素值。具体过程如图 2-37 所示。

【例 2-24】向方法中传递数组。

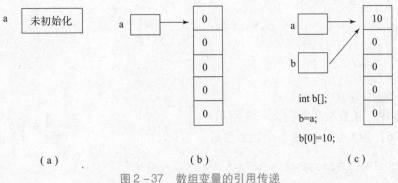

图2-37 数组变量的引用传递

(a) int a[]; (b) a = new int[5]; (c) 数组变量赋值，传递引用

```java
public class ArrayRefDemo1{
    public static void main(String args[]){
        int temp[] = {2,4,6};//利用静态初始化方式定义数组
        fun(temp);//传递数组
        for(int i = 0;i < temp. length;i ++){
            System. out. print(temp[ i] + "、");
        }
    }
    public static void fun(int x[]){
        //接收整型数组的引用
        x[0] = 8;
        //修改第一个元素
    }
}
```

运行该程序，运行结果如图2-38所示。

【例2-25】使用方法返回数组。

8、4、6、

图2-38 运行结果

```java
public class ArrayRefDemo2{
    public static void main(String args[]){
        int temp[] = fun();//通过方法实例化数组
        print(temp);//打印数组内容
    }
    public static void print(int x[]){
        for(int i = 0;i < x. length;i ++){
            System. out. print(x[ i] + "、");
        }
    }
    public static int[]fun(){
```

```
        //返回一个数组
        int ss[] = {2,4,6,8,10};//定义一个数组
        return ss;
    }
}
```

运行该程序，运行结果如图 2 – 39 所示。

2、4、6、8、10、

图 2 – 39　运行结果

【例 2 – 26】向方法中传递多个数组参数。

```
public class ArrayRefDemo3{
    public static void main(String args[]){
        int i1[] = {1,2,3,4,5,6,7,8,9};//源数组
        int i2[] = {11,22,33,44,55,66,77,88,99};//目标数组
        copy(i1,3,i2,1,3);//调用拷贝方法
        print(i2);
    }
    public static void copy(int s[],int s1,int o[],int s2,int len){
        for(int i = 0;i < len;i ++){
            o[s2 + i] = s[s1 + i];//进行拷贝操作
        }
    }
    public static void print(int temp[]){
        //输出数组内容
        for(int i = 0;i < temp. length;i ++){
            System. out. print(temp[i] + "\t");
        }
    }
}
```

运行该程序，运行结果如图 2 – 40 所示。

| 11 | 4 | 5 | 6 | 55 | 66 | 77 | 88 | 99 |

图 2 – 40　运行结果

任务实施

请扫描二维码下载任务工单、本任务的程序代码。

任务工单 2 – 4

任务四的程序代码

编译并运行程序，程序运行结果如图 2-41 所示。

这九个数由小到大的顺序为：

1　2　3　4　5　6　7　8　9

图 2-41　运行结果

任务评价

请扫描二维码查看任务评价标准。

任务评价 2-4

任务五　模拟用户登录案例

教学目标

1. 素质目标

（1）培养学生良好的编码习惯；

（2）培养学生科学严谨、精益求精的工作态度。

2. 知识目标

（1）熟练定义 String 类、StringBuffer 类的对象；

（2）理解 String 类的不变性；

（3）掌握常用的字符串处理方法。

3. 能力目标

（1）熟练定义 String 类、StringBuffer 类的对象；

（2）应用字符串的处理方法进行字符串的处理。

任务导入

模拟简单的用户登录程序，利用控制台设置初始化参数的方式输入用户名和密码，假设用户名称为 Lili，密码为 123456。操作步骤如下：

判断输入的参数个数是否合法，如果不合法，须提示用户程序执行错误，并退出程序；如果用户正确输入参数，则可以进行用户名及密码的验证。

验证成功，信息正确则显示"欢迎＊＊＊光临！"，否则，显示"错误的用户名和密码"。

知识准备

在实际开发中，会经常使用字符串。所谓字符串，就是指一连串的字符，它由许多单个字符连接而成。字符串中可以包含任意字符，这些字符必须包含在一对英文双引号（""）之内，例如"abc"。Java 中定义了 String 和 StringBuffer 两个类来封装字符串，并提供了一系列操作字符串的方法。由于它们都位于 java.lang 包中，因此不需要导包就可以直接使用。

1. String 类

在操作 String 类之前，首先需要对 String 类进行初始化。在 Ja-va 中，可以通过以下两种方式对 String 类进行初始化。

视频 2 – 10
（String、StringBuffer 类）

①使用字符串常量直接初始化一个 String 对象，其语法格式如下：

```
String 变量名 = 字符串;
```

在初始化字符串对象时，既可以将字符串对象的初始化值设为空，也可以初始化为一个具体的字符串，其示例如下：

```
String str1 = null;//初始化为空
String str2 = " ";//初始化为空字符串
String str3 = "abc";//初始化为 abc,其中 abc 为字符串常量
```

②使用 String 的构造方法初始化字符串对象，其语法格式如下：

```
String 变量名 = new String(字符串);
```

在上述语法中，字符串同样可以为空或是一个具体的字符串。当为具体字符串时，会使用 String 类的不同参数类型的构造方法来初始化字符串对象。String 类包含多个构造方法，常用的构造方法见表 2 – 12。

表 2 – 12　String 类的常用构造方法

方法声明	功能描述
String( )	创建一个内容为空的字符串
String(String value)	根据指定的字符串内容创建对象
String(char[ ] value)	根据指定的字符数组创建对象

【例 2 – 27】String 类的初始化。

```
public class StringDemo{
    public static void main(String[]args){
        //TODO Auto - generated method stub
        //创建一个空的字符串
        String str1 = new String();
        //创建一个内容为 hello 的字符串
        String str2 = new String("hello");
        ///创建一个内容为字符数组的字符串
        char[]charArray = new char[]{'a','b','c'};
        String str3 = new String(charArray);//输出结果
        System. out. println(str1);
        System. out. println(str2);
```

```
        System. out. println(str3);
    }
}
```

运行该程序，运行结果如图 2 –42 所示。

hello
abc

图 2 –42 运行结果

2. StringBuffer 类

在 Java 中，由于 String 类是 final 类型的，所以，使用 String 定义的字符串是一个常量，因此，它一旦创建，其内容和长度是不可改变的。如果需要对一个字符串进行修改，则只能创建新的字符串。为了便于对字符串进行修改，在 JDK 中提供了一个 StringBuffer 类（也称字符串缓冲区）来操作字符串。StringBuffer 类和 String 类最大的区别在于它的内容和长度都是可以改变的。StringBuffer 类似一个字符容器，当在其中添加或删除字符时，所操作的都是这个字符容器，因此并不会产生新的 StringBuffer 对象。

StringBuffer 对象不能用 " = " 创建，必须用 new 运算符创建。语法格式为：

```
StringBuffer 变量名 = new StringBuffer(字符串);
```

或者

```
String 变量名 1 = 字符串;
StringBuffer 变量名 2 = new StringBuffer(变量名 1);
```

【例 2 –28】 StringBuffer 初始化。

```
public class StringBufferDemo{
    public static void main(String[ ]args){
        //第一种初始化方法
        StringBuffer strb = new StringBuffer("Hello");
        //第二种初始化方法
        String strName = "Hello world!";
        StringBuffer str = new StringBuffer(strName);
        System. out. println(strb);
        System. out. println(str);
    }
}
```

运行该程序，运行结果如图 2 –43 所示。

【例 2 –29】 String 类和 StringBuffer 类的比较。

Hello
Hello world!

图 2 –43 运行结果

```
public class StringAndStringBuffer{
    public static void main(String[ ]args){
        String str1 = "The source string!";
        String str2 = str1;
        System. out. println("str1 = " + str1);
```

```
        System.out.println("str2 = " + str2);
        str2 = "The source string! changed. ";
        System.out.println("str1 = " + str1);
        System.out.println("str2 = " + str2);
        StringBuffer strb1 = new StringBuffer("The source string!");
        StringBuffer strb2 = strb1;
        System.out.println("strb1 = " + strb1);
        System.out.println("strb2 = " + strb2);
        strb2.append("changed. ");
        System.out.println("strb1 = " + strb1);
        System.out.println("strb2 = " + strb2);
    }
}
```

运行该程序，运行结果如图 2 - 44 所示。

由于 String 对象所指向的字符串的值不可改变，故当 str2 的值改变时，str1 和 str2 在内存中所指向的位置是不同的，因此值不同；而 String-Buffer 对象是可以改变的，故当 strb2 改变时，strb1 和 strb2 在内存中仍然指向同一个位置，值相同。

```
str1=The source string!
str2=The source string!
str1=The source string!
str2=The source string! changed.
strb1=The source string!
strb2=The source string!
strb1=The source string!changed.
strb2=The source string!changed.
```

图 2 - 44　运行结果

3. 常用的字符串处理方法

（1）String 类的常见操作

String 类在实际开发中的应用非常广泛，因此灵活地使用 String 类非常重要。接下来介绍 String 类常用的一些方法，见表 2 - 13。

视频 2 - 11

（常用的字符串的处理方法）

表 2 - 13　String 类的常用方法

序号	方法名称	功能说明
1	public int length()	返回字符串的长度
2	public char charAt(int index)	返回字符串中 index 位置的字符
3	public String toLowercase()	将当前字符串中所有字符变成小写形式
4	public String toUpperCase()	将当前字符串中所有字符变成大写形式
5	public String substring(int p0, int p1)	截取当前字符串从位置 p0 到位置 p1 的一部分字符
6	public String replace(char p0, char p1)	用字符 p1 替换字符串中的字符 p0
7	public String concat(String str)	将当前字符串与 str 连接，返回连接后的字符串
8	public String equals(String str)	判断两个字符串内容是否相等

续表

序号	方法名称	功能说明
9	public char toCharArray ( )	将当前字符串转换为字符数组
10	public static String valueOf（type variable）	将 type 类型的 variable 转换为字符串

【例 2 – 30】 String 类中常用方法的使用。

```java
public class StringMethod{
    public static void main(String[]args){
        //TODO Auto - generated method stub
        //求字符串的长度
        String name = "John Smith";
        System. out. println(name. length());
        //搜索字符串
        String name1 = "JohnSmith@ 123. com";
        System. out. println(name1. indexOf('@ '();
        System. out. println(name1. indexOf('a'();
        //返回指定索引处的字符
        char ch;
        ch = "orange". charAt(3);
        System. out. println("该索引处的字符为:" + ch);
        //字符串的截取
        String str = "Hello! welcome to China";
        String str1 = str. substring(3,8);
        String str2 = str. substring(3);
        System. out. println("str1 = " + str1);
        System. out. println("str2 = " + str2);
        //字符串的替换
        String str3 = "end";
        System. out. println(str3. replace("e","a"));
        //字符串的连接
        String str4 = "How";
        System. out. println(str4. concat(" are you!"));
    }
}
```

运行该程序，运行结果如图 2 – 45 所示。

说明：

①字符串的索引是从 0 开始的，String 字符串在获取某个字符时，会用到字符的索引，当访问字符串中的字符时，如果字符的索引不正确，则会发生 StringIndexOutOfBoundsException （字符串角标越界异常）。

```
10
9
-1
该索引处的字符为: n
str1=lo! w
str2=lo! welcome to China
and
How are you!
```

图 2-45　运行结果

②在 substring(3,8) 中，会截取索引是 3 的字符到索引是 7 的字符，即在截取的过程中"包头不包尾"；substring(3) 截取索引是 3 的字符以及之后的所有字符。

【例 2-31】字符串的比较。

```java
public class StringEqualDemo{
    public static void main(String[]args){
        String s1 = new String("abc");
        String s2 = new String("abc");
        String s3 = "abc";
        String s4 = s3;
        System.out.println(s1 == s2);
        System.out.println(s3 == s4);
        System.out.println(s1.equals(s2));
    }
}
```

运行该程序，运行结果如图 2-46 所示。

在程序中，可以通过 == 和 equals() 两种方式对字符串进行比较，但这两种方式有明显的区别。equals() 方法用于比较两个字符串中的字符值是否相等，== 方法用于比较两个字符串对象的内存地址是否相同。对于两个字符串对象，当它们的字符值完全相同时，使用 equals() 方法判断时，结果会是 true，但使用 == 方法判断时，结果一定为 false。

```
false
true
true
```

图 2-46　运行结果

（2）StringBuffer 类的常见操作

针对添加和删除方法，StringBuffer 类提供了一系列的方法，见表 2-14。

表 2-14　StringBuffer 类的常用方法

方法声明	功能描述
StringBuffer append(char c)	添加字符到 StringBuffer 对象中末尾
StringBuffer insert(int offset, String str)	在 StringBuffer 对象中的 offset 位置插入字符串 str
StringBuffer deleteCharAt(int index)	移除 StringBuffer 对象中指定位置的字符
StringBuffer delete(int start, int end)	删除 StringBuffer 对象中指定范围的字符或字符串

续表

方法声明	功能描述
StringBuffer replace(int start, int end, String s)	将 StringBuffer 对象中指定范围的字符或字符串用新的字符串 s 进行替换
void setCharAt(int index, char ch)	修改指定位置 index 处的字符
String toString( )	返回 StringBuffer 缓冲区中的字符串对象
StringBuffer reverse( )	将此 StringBuffer 对象用其反转形式取代

【例 2 –32】StringBuffer 方法应用。

```java
public class StringBufferFunDemo{
    public static void main(String[]args){
        //TODO Auto - generated method stub
        StringBuffer sb = new StringBuffer();
        sb. append("abc");//添加字符串
        System. out. println("append 添加结果:" + sb);
        sb. insert(3,"de");//在指定位置插入字符串
        System. out. println("insert 添加结果:" + sb);
        sb. setCharAt(2,'C');//修改指定位置的字符
        System. out. println("setCharAt 修改指定位置结果:" + sb);
        sb. replace(3,5,"DE");//替换指定位置的字符串
        System. out. println("replace 替换指定位置结果:" + sb);
    }
}
```

运行该程序,运行结果如图 2 – 47 所示。

```
append添加结果：abc
insert添加结果：abcde
setCharAt修改指定位置结果：abCde
replace替换指定位置结果：abCDE
```

图 2 –47　运行结果

4. String 类和 StringBuffer 类的区别

StringBuffer 类和 String 类有很多相似之处,初学者在使用时很容易混淆。接下来针对这两个类进行对比,简单归纳一下两者的不同,具体如下:

①String 类定义的字符串是常量,一旦创建后,内容和长度都是无法改变的。String-Buffer 类表示字符容器,其内容和长度可以随时修改。在操作字符串时,如果该字符串仅用于表示数据类型,则使用 String 类即可,但是如果需要对字符串中的字符进行增删操作,则使用 StringBuffer 类。

②String 类重写了 Object 类的 equals( ) 方法,而 StringBuffer 类没有重写 Object 类的 equals( ) 方法。

【例 2 –33】equal( ) 方法的比较。

```java
public class ComEqual{
```

```
    public static void main(String[]args){
        String s1 = new String("Hello");
        String s2 = new String("Hello");
        System. out. println(s1.equals(s2));
        StringBuffer s3 = new StringBuffer("Hello");
        StringBuffer s4 = new StringBuffer("Hello");
        System. out. println(s3. equals(s4));
    }
}
```

运行该程序，运行结果如图 2 - 48 所示。

③String 类对象之间可以用操作符 + 进行连接，而 StringBuffer 类对象之间不能，会出现编译错误，如图 2 - 49 所示。

```
true
false
```

图 2 - 48 运行结果

```
 3 public class ComOp {
 4⊖    public static void main(String[] args) {
 5         // TODO Auto-generated method stub
 6         String s1="Hello";
 7         String s2=" world!";
 8         String s3=s1+s2;
 9         System.out.println(s3);
10         StringBuffer sb1=new StringBuffer("Hello");
11         StringBuffer sb2=new StringBuffer(" world!");
12         StringBuffer sb3=sb1+sb2;//
13     }
14 }
```

图 2 - 49 采用 + 运算符时出现编译错误

任务实施

请扫描二维码下载任务工单、本任务的程序代码。

任务工单 2 - 5

任务五的程序代码

编译并运行程序，运行结果如图 2 - 50 所示。

```
Problems  Javadoc  Declaration  Console ✖
<terminated> LoginDemo [Java Application] C:\Program Files\Java\jre1.8.0_111\bin\javaw.exe (2024
欢迎Lili光临!
```

图 2-50　运行结果

任务评价

请扫描二维码查看任务评价标准。

任务评价 2-5

任务六　企业典型实践项目实训

实训　超市管理系统的新增商品基本信息

1. 需求描述

超市管理系统中每个商品都有商品编号、商品名称、商品价格、商品库存单位、库存量这些基本信息，根据用户的需求，不断增加商品信息。

（1）根据用户的需求，从键盘中输入商品的基本信息，向库存中添加该商品；

（2）将添加的商品的信息完整输出。

2. 实训要点

（1）商品的信息可以循环添加，需要使用循环语句；

（2）商品的定义需要使用二维数组。

3. 实现思路及步骤

（1）使用 while 循环从键盘中获取用户输入的信息，如果用户输入"Y"，表示继续添加商品，当用户输入"N"时，则表示停止添加；

（2）商品的基本信息由键盘输入；

（3）当停止添加商品时，将当前所有的商品信息进行输出。

请扫描二维码下载任务工单、本任务的程序代码。

任务工单 2-6

任务六的程序代码

编译并运行程序，运行结果如图 2 – 51 所示。

```
<terminated> AddGoods [Java Application] E:\ProgramFiles\Java\jre1.8.0_111\bin\javaw.exe
是否需要添加商品，请输入Y或N
Y
请输入商品的名称
足球
请输入商品的价格
23
请输入商品库存单位
仓库1
请输入商品库存量
23
该商品添加成功，是否继续添加，请输入Y或N
Y
请输入商品的名称
篮球
请输入商品的价格
58
请输入商品库存单位
仓库2
请输入商品库存量
3
该商品添加成功，是否继续添加，请输入Y或N
N
当前超市中的商品信息如下：
商品编号为：0，商品名称为：足球，商品价格为：23，商品库存单位为：仓库1，商品库存量为：23
商品编号为：1，商品名称为：篮球，商品价格为：58，商品库存单位为：仓库2，商品库存量为：3
```

图 2 – 51　超市管理系统增加商品

实训评价

请扫描二维码查看任务评价标准。

任务评价 2 – 6

知识拓展

数组工具类 Arrays

在 Java. util 包中，提供了一个针对数组操作的数组工具类——Arrays。
Arrays 工具类中提供了大量针对数组操作的静态方法。

请扫描二维码下载完整知识拓展内容。

模块二知识拓展 –
数组工具类 Arrays

模块训练

一、选择题

1. 下面表达式的值的数据类型为（　　　）。

```
(short)8/9.2 * 5;
```

A. short　　　　　　B. int　　　　　　C. double　　　　　D. float

2. 在 Java 语言中，只有整型数据才能进行的运算是（　　　）。

A. ＊   B. ／   C. ％   D. ＋

3. 下面语句执行后，a、b 和 c 的值分别是（   ）。

```
int  a = 2;
int  b = (a ++)＊ 3;
int  c = (++a)＊ 3;
```

A. 2 6 6   B. 4 9 9   C. 4 6 12   D. 3 9 9

4. 下面语句执行后，x 的值是（   ）。

```
int  x = 10;
x += x -= x - x;
```

A. 10   B. 20   C. 30   D. 40

5. 下面语句执行后，k 的值是（   ）。

```
int  j = 8,k = 15;
for(int i = 2;i! = j;i += 6)
    k ++;
```

A. 15   B. 16   C. 17   D. 18

6. 下面语句执行后，x 的值是（   ）。

```
int  a = 3,b = 4,x = 5;
if( ++a == b)
    x = x＊ x;
```

A. 5   B. 16   C. 25   D. 36

7. 设有定义语句 int a[ ] = {1,2,3};，则关于该语句的叙述，错误的是（   ）。

A. 定义了一个名为 a 的一维数组

B. 数组 a 中有 3 个元素

C. 数组 a 中各元素的下标为 1 ~ 3

D. 数组中每个元素的数据类型是 int 类型

二、填空题

1. 整数类型包括_____、_____、_____、_____。

2. 布尔型数据类型的关键字是_____，占用字节数是_____，有_____和_____两种取值。

3. 八进制数以_____开头，十六进制数以_____开头。

4. 256L 表示_____常量。

5. 逻辑表达式 true || false&&false 的结果是_____。

6. 表示单精度浮点常量和双精度浮点常量的字母分别是_____和_____。

7. Java 中的循环语句包括_____、_____、_____。

8. 字符串 "C:\\Java\\a. java" 中包含_____个字符。

三、简答题

1. 简述 Java 中标识符的命名规则。

2. 简述常量和变量的区别。

3. 简述字符常量和字符串常量的区别。

4. 简述 break 语句和 continue 语句的区别。

四、程序设计题

1. 编写程序，输出以下图案：

```
          *
        * * *
      * * * * *
        * * *
          *
```

2. 将下列字符存放到数组中，并以倒序输出。字符如下：

a d e f h m x k y p

3. 编写程序，输出 1 000 ~ 2 000 范围内的所有闰年。

4. 编写程序，求 1! + 2! + … + 10! 的值。

5. 编写程序，分别利用 while 循环、do…while 循环和 for 循环求出 100 ~ 200 的累加和。

6. 判断一个数能不能被 3、5、7 同时整除。

7. 编写一个程序求出三个数中的最大值。

模块三

面向对象基础

模块情境描述

习近平总书记在中共中央政治局第三十四次集体学习时强调，"要全面推进产业化、规模化应用，重点突破关键软件，推动软件产业做大做强，提升关键软件技术创新和供给能力。"

软件技术专业大一学生小王想将来从事 Java 软件开发工作，他咨询了在软件公司工作的表哥张经理应如何学习 Java 语言。张经理安排小王从 Java 开发环境的搭建开始，然后学习相关基础知识。在小王成功搭建了 Java 开发环境，也学习了 Java 语言基础知识之后，张经理建议小王学习面向对象的基础知识，并给小王制订了如下学习计划。

任务一 Student 类的定义

教学目标

1. 素质目标

（1）培养学生从面向对象的思想出发进行程序设计的能力；

（2）培养学生养成良好的编程规范和习惯；

（3）培养善沟通、能协作、精益求精的专业素质。

2. 知识目标

（1）了解面向对象的特性；

（2）理解类和对象的概念；

（3）掌握类的定义。

3. 能力目标

（1）能阐述面向对象的特性；

（2）能明确类和对象的关系；

（3）能完成 Student 类的定义。

任务导入

定义一个名为 Student 的学生类，包含的属性有"姓名""年龄""学号"，设计学生学习、吃饭、睡觉的方法。

（1）根据任务要求编写学生类并包含上述属性和方法。

（2）编写测试类测试学生类的使用。

【想一想】

在模块一中介绍 Java 语言特点时，提到了面向对象的三大特征，还记得是什么吗？

知识准备

1. 面向对象特性

面向对象遵循"一切都是对象"的设计思想，认为客观世界是由各种对象组成的，任何事物都是对象（Object），比如：学生、教师、教室、凳子、大街上跑的汽车等。每一个对象都有自己的运动规律和内部状态，都

视频 3-1

属于某个对象类，是该对象的一个元素。面向对象程序设计方法，就是把现实世界中对象的状态和操作抽象为程序设计语言中的对象，达到程序和现实世界的统一。

面向对象编程（OOP）有三大特性，分别是封装、继承和多态。下面对这三大特性进行简要的介绍。

（1）封装

把类中的一些描述细节隐藏内部，用户只能通过接口来访问类中的内容，这种组织模块的方式称为"封装性"。封装可以实现以下目的：

- 隐藏类的实现细节。
- 使用者只能通过提供的方法来访问数据，从而可以在方法中加入控制逻辑，限制对变量的不合理的访问。
- 可进行数据检查，从而有利于保证对象信息的完整性。
- 便于修改，提高代码的可维护性。

（2）继承

Java 通过子类实现继承。继承指的是某个对象所属的类在层次结构中占一定的位置，具有上一层次对象的某些属性。多个类中存在相同属性和行为时，将这些内容抽取到单独一个类中，那么多个类无须再定义这些属性和行为，只要继承那个类即可。在 Java 中，所有的类都是通过直接或间接地继承 java. lang. Object 类得到的，如图 3-1 所示。

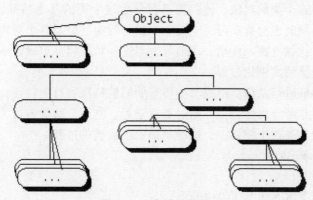

图 3-1 类的继承关系

在类的继承过程中，被继承的类为父类、基类或者超类，继承得到的类为子类或者派生类。父类包括所有直接或间接被继承的类。子类继承父类的状态和行为，也可以修改父类的状态或重写父类的行为（方法），同时也可以添加新的状态和行为（方法）。

继承方式可以分为单继承和多继承（又称多重继承）。

如果一个子类只继承自一个直接父类，就称为单继承。单继承又可以分为单层继承和多层继承。

如果一个子类同时继承自多个父类，就称为多继承。

Java 继承方式为单继承。

（3）多态

多态即同一个对象在不同时刻体现出来的不同状态。"多态"在生活中有实际的应用，比如水在不同温度下会呈现三种不同的物体形态，即固态、液态或者气态；而在编程上，指同一消息可以根据发送对象的不同而采取多种不同的行为方式（发送消息就是函数调用）。多态更多的是从程序整体设计的高度上体现的一种技术，简单地说，就是"会使程序设计和运行时更灵活"。对象封装了多个方法，这些方法调用形式类似，但功能不同，对于使用者来说，不必去关心这些方法功能设计上的区别，对象会自动按需选择执行，这不仅减少了程序中所需的标识符的个数，对软件工程整体的简化设计也有重大意义。多态性使程序的抽象程度和简洁程度提高，有助于程序设计人员对程序的分组协同开发。

多态分为两种：静态多态和动态多态。静态多态是编译时多态，如方法重载；动态多态是运行时多态，如方法重写和接口引用。

2. 类和对象的概念

对象是对现实世界中事物的描述，是该类事物的具体存在，是一个具体的实例；类是一组相关属性和行为的集合，是一个抽象的概念。面向对象程序设计中的对象是由描述状态的变量和对这些变量进行维护与操作的一系列方法组成的事务处理单位，而类相当于创建对象实例的模板，通过对其实例化得到同一类的不同实例。

"实例化"是将类的属性设定为确定值的过程，是从"一般"到"具体"的过程；"抽象"是从特定的实例中抽取共同的性质，以形成一般化概念的过程，是从"具体"到"一般"的过程。

假如一个学生是一个类，那么班级里的同学都是该类的对象，比如班长、团支书、学习委员等个体都是学生这个类的对象，他们都具有学生这个类的基本特征，比如都具有学号、姓名、年龄等特征，同时也拥有学习、吃饭、睡觉等行为。但是各个对象之间的某些具体特性可能是不一样的，比如身高、性别、成绩等。当这些特征属性被确定下来时，一个对象就被完全确定，这就是类的实例化过程。

如果把学生的特征进行总结，形成学生特有的属性特征和行为特征，比如学生同时具有学号、姓名、性别、年龄等属性特征，同时具有学习、吃饭、睡觉等行为特征。把这些属性特征和行为特征集成到类这个模板中，这就是抽象形成类的过程。

3. 类的定义

Java 中的类是由类声明和类体组成的。

类声明：由类修饰符、类关键字 class、类名称等组成。类的关键字为
class，其后给出类的名称。类可以继承其他类，用 extends 关键字指出被继
承的类，用 implements 关键字指出被继承的接口。

视频 3-2

类体：由成员变量和成员方法组成。成员变量可以是 Java 的基本数据类型变量或者复合数据类型的变量，成员方法主要用于实现特定的操作，它决定了类要实现的功能。

类的定义格式如图 3-2 所示。

Java 类的修饰符主要有 public、default、protected、private、final、abstract、static，后续再详细讲解。

【例 3-1】定义 Student 类，显示姓名信息。

```java
class Student{
    private String name;              //声明姓名属性
    public void setName(String n){    //设置姓名方法
        name = n;
    }
    public String getName(){          //获取姓名方法
        return name;
```

[类修饰符] class 〈类名称〉 [extends 〈父类名〉] [implements 〈接口名〉] ← 类声明

{

    [static{ }]//静态块

    [成员修饰符] 数据类型 成员变量1;

    [成员修饰符] 数据类型 成员变量2;

       …… //其他成员变量   ← 类体

    [成员修饰符] 返回值类型 成员方法1（参数列表） { }

    [成员修饰符] 返回值类型 成员方法2（参数列表） { }

    ……//其他成员方法

}

图3-2 类的定义

```
    }
  }
public class ExampleDemo01{
    public static void main(String args[]){   //主方法,程序入口点
        Student stu = new Student();   //声明学生对象
        stu. setName("李明");     //引用对象方法,设置姓名
        System. out. println("学生姓名:" + stu. getName());/* 引用对象方
法,显示姓名*/
    }
}
```

运行结果如图3-3所示。

图3-3 运行结果

任务实施

请扫描二维码下载任务工单。

【写一写】

1. Student 类中的属性（表3-1）。

任务工单3-1

表 3－1　Student 类中的属性

序号	属性	类型	名称
1	姓名		
2	年龄		
3	学号		

2. Student 类中的方法（表 3－2）。

表 3－2　Student 类中的方法

序号	方法	返回值类型	作用
1	public void study( )		
2	public void eat( )		
3	public void sleep( )		

任务实现

请扫描二维码下载本任务的程序代码。

运行结果如图 3－4 所示。

任务一的程序代码

```
<terminated> StudentDemo [Java Application] C:\Program Files\Java\jre1.8.0_231\bin\javaw.exe (2020年5月1日 下午3:14:27)
孙倩倩---21---2019120666
学生爱学习
学习饿了，要吃饭
学习累了，要睡觉
```

图 3－4　运行结果

任务评价

请扫描二维码查看任务评价标准。

任务评价 3－1

任务二　计算长方形的面积

教学目标

1. 素质目标

（1）培养学生进一步从面向对象的思想出发进行程序设计的能力；

（2）培养学生养成良好的编程规范和习惯；

（3）培养求真务实的职业素养。

2. 知识目标

（1）掌握属性和行为的声明；

（2）理解构造方法的作用；

（3）掌握方法的重载。

3. 能力目标

（1）能定义属性和行为；

（2）能定义构造方法；

（3）能实现方法的重载。

任务导入

定义一个长方形类，包含的属性有长方形的长和宽，设计求面积的方法，可以根据输入的长方形的长和宽求出面积。

功能要求：

（1）根据任务要求编写长方形类并包含上述属性和方法。

（2）编写测试类来测试长方形类及其方法的使用。

（3）编写无参数的构造函数。

（4）使用 set、get 方法封装长方形类。

（5）重载求长方形面积的方法，接收长和宽两个参数并计算出面积。

知识准备

视频 3-3

1. 属性的声明

事物的特性在类中表示为变量，属性即是成员变量，成员变量的声明或定义格式为：

> ［成员访问修饰符］［成员存储类型修饰符］数据类型成员变量［＝初值］；

类的成员变量在使用前必须加以声明，除了声明变量的数据类型之外，还需要说明变量的访问属性和存储方式。Java 中允许为成员变量赋初值。

根据成员变量在内存中的存储方式和作用范围，分为类变量和实例变量。成员变量如果用 static 修饰，表示成员变量为静态成员变量（也称类变量）。类变量作用范围属于类，而实例变量是依赖于对象的。实例变量伴随着实例创建而创建，伴随着实例消亡而消亡。静态成员随着类的定义而诞生，被所有实例所共享。

访问成员变量的格式为对象 . 成员变量，如果考虑 static 关键字，那么访问格式可以细化为对象 . 静态成员变量（或实例成员变量），或者类名 . 静态成员变量。

成员变量访问修饰关键字的功能见表 3-3。

表 3-3 成员变量访问修饰关键字的功能

关键字	用途说明
public	此成员能被任何包中的任何类访问
protected	此成员能被同一包中的类和不同包中该类的子类访问
缺省（没有修饰符）	此成员能被同一包中的任何类访问
private	此成员能被同一类中的方法访问，包以外的任何类不能访问

成员变量存储修饰关键字的功能见表 3 - 4。

表 3 - 4　成员变量存储修饰关键字的功能

关键字	用途说明
static	声明类成员，表明该成员为所有对象所共有
final	声明常变量，该变量将不能被重新赋值
volatile	易失的变量，可以被异步的线程修改，不常用
transient	暂时的变量，将指定 Java 虚拟机认定该暂时性变量不属于永久状态，以实现不同对象的存档功能

成员变量的初始值规则见表 3 - 5。

表 3 - 5　成员变量的初始值规则

成员变量的数据类型	初始值
整型(byte , short , int , long)	0
字符型	' \u0000 '
布尔型	false
浮点型	0. 0

下面对实例变量与类变量进行详细说明，以加深读者的理解。比如可以通过以下方式来声明一个成员变量：

```
class MyClass{
    public float variable1;
    public static int variable2
}
```

该例中声明了一个实例变量 variable1 和一个类变量 variable2。当创建类的实例时，系统会为该实例创建一个类实例的副本，但系统为每个类分配类变量仅仅只有一次，而不管类创建的实例有多少。第一次调用类时，系统为类变量分配内存。所有的实例共享了类的类变量的相同副本。在程序中可通过一个实例或者类本身来访问类变量。例如：

```
...
MyClass A = new MyClass();
MyClass B = new MyClass();
A. variable1 =100;
A. variable2 =200;
B. variable1 =300;
B. variable2 =400;
System. out. println("A. variable1 = " + A. variable1);
System. out. println("A. variable2 = " + A. variable2);
```

```
System. out. println( "A. variable1 = " +A. variable1);
System. out. println( "A. variable1 = " +A. variable1);
...
```

当从类实例化新对象时，就得到了类实例变量的一个新副本。这些副本跟新对象是联系在一起的，因此，每实例化一个新 MyClass 对象时，就得到了一个和 MyClass 对象有联系的 variable1 的新副本。当一个成员变量用关键字 static 被指定为类变量后，其第一次调用时，系统就会为它创建一个副本，之后，类的所有实例均共享了该类变量的相同副本。所以上述程序段的输出结果为：

```
A. variable1 =100
A. variable2 =400
B. variable1 =300
B. variable2 =400
```

2. 行为的声明

（1）行为声明
行为即是成员方法，成员方法的声明完整格式如下：

```
［访问修饰符］［存储类型修饰符］ 数据类型 成员方法([参数列表])[throws
Exception]{
    [ <类型 > <局部变量 >;]
    … 方法体语句;
}
```

在声明或定义类的成员方法前，除声明方法的返回值数据类型之外，还需要说明方法的访问属性和存储方式。行为的访问属性和属性的访问属性类似，表 3 - 6 列出了成员方法的存储方式。

表 3 - 6 成员方法的存储方式

关键字	用途说明
static	声明类方法，表明该方法为所有对象所共有
abstract	声明抽象方法，没有方法体，该方法需要其子类来实现
final	声明最终方法，该方法将不能被子类重写
native	声明本地方法，本地方法用另一种语言如 C 语言实现
synchronized	声明同步方法，该方法在任一时刻只能由一个线程访问

类体中一个方法只有声明，没有定义（即没有方法体），则此方法是 abstract 的，定义类体和方法体前，须加 abstract 关键字修饰。

访问成员方法格式为对象. 成员方法，考虑 static 关键字时，访问格式可细化为对象. 静态成员方法，或者类名. 静态成员方法。

方法按返回值可以分为两类：无返回值的方法和有返回值的方法。

在声明方法中的参数时，需要说明参数的类型和个数。

【例3-2】 定义 Student 类，属性是年龄，行为是获取年龄的方法。

```java
class Student{
    int age;//声明年龄属性
    void getAge(){//获取年龄方法
        //int age;
        System.out.println("学生年龄:"+age);//输出年龄值
    }
}
public class ExampleDemo02{
    public static void main(String args[]){//主方法,程序入口点
        Student stu = new Student();//声明学生对象
        stu.age = 30;
        stu.getAge();//引用对象方法,显示年龄
    }
}
```

运行结果："学生年龄：30"。

（2）方法中参数的使用

在方法的声明格式中，需要指明返回值的类型。当一个方法不需要返回值时，其类型说明为 void，否则，方法体中必须包含 return 语句。返回值既可以是基本数据类型，也可以是复杂数据类型。基本数据类型作参数传递时，相当于值传递。

例3-3代码

【例3-3】 基本数据类型作参数传递。

本例的程序代码请扫描二维码下载。

运行结果如图3-5所示。

```
<terminated> swapByValue [Java
Before swap: x= 3 y= 4
After swap: x= 3 y= 4
```

图3-5 运行结果

3. 构造方法

视频3-4

构造方法是一种特殊的方法，用来创建类的实例。声明构造方法时，可以附加访问修饰符，但没有返回值，不能指定返回类型。构造方法名必须和类同名。调用构造方法创建实例时，用 new 运算符加构造方法名，格式如下：

类名称　对象名称＝new 类名称()

为实例的属性设置值有两种方式：一种是实例先创建，后调用自己的普通成员方法来完成设置，称为"赋值"；另一种是使用 new 运算符调用构造方法，一次性地完成实例的创建和属性值设置，称为"初始化"。

构造方法是专门用于构造实例的特殊成员方法，在创建实例时起作用；而使用普通成员方法为实例属性赋值，则是在实例创建后才调用。

在例 3－2 中创建对象时，是使用语句"new Student()"来实现的，这里 Student() 就是构造方法，但是纵观 Student 类的定义，并没有定义构造方法，那么为什么创建对象时可以直接调用呢？

如果在定义一个类时没有定义构造方法，则系统会自动为该类生成一个构造方法，此构造方法的名字与类名完成相同，但它没有任何形式参数。

如果在定义类时只定义了带参的构造方法，则系统不会为其提供无参的构造方法，此时不可调用无参的构造方法来创建对象，除非又明确定义了无参的构造方法。

【例 3－4】在例 3－2 的基础上，定义带一个参数的构造方法。

本例的程序代码请扫描二维码下载。

运行结果同例 3－2。

如果还使用例 3－2 中的 main() 方法，程序就会报错，如图 3－6 所示。

例 3－4 代码

```
Exception in thread "main" java.lang.Error: Unresolved compilation problem:
    The constructor Student() is undefined

    at 模块三.ExampleDemo02.main(ExampleDemo02.java:15)
```

图 3－6　错误提示

说明：当在类中定义了带参数的构造方法后，则不能像没定义构造方法时那样，再调用无参的构造方法来创建类的对象。如果希望用例 3－2 中的 main 方法能通过编译，则在 Student 类定义中再添加一个无参的构造方法即可，修改后的代码如下：

```
class Student{
    int age;//声明年龄属性
    void getAge(){//获取年龄方法
        //int age;
        System.out.println("学生年龄:"+age);//输出年龄值
    }
    Student(int x){//带参数的构造方法
        age=x;
    }
    Student(){//添加无参的构造方法}
}
```

```
public class ExampleDemo02{
    public static void main(String args[]){//主方法,程序入口点
        Student stu = new Student();//声明学生对象
        stu. age = 30;
        //Student stu = new Student(30);//用带参数的构造方法初始化对象
            stu. getAge();//引用对象方法,显示年龄
        }
}
```

4. 方法重载

Java 中方法的重载指的是多个方法共用一个名字（这样可实现对象的多态），同时，不同的方法要么参数个数各不相同，要么参数类型不同。构造方法根据需要自行定义，具有不同参数列表的构造方法也可以构成重载的关系。Java 提供的标准类中包含了许多构造函数，并且每个构造函数允许调用者为新对象的不同实例变量提供不同的初始数值。比如，java. awt. Rectangle 就有三个构造函数：

```
Rectangle(){};
Rectangle(int width,int height){};
Rectangle(int x,int y,int width,int height){};
```

当传递不同的参数时，构造出来的对象的实例具有不同的属性。

【例 3 – 5】定义 Sum 类，实现普通方法的重载。

```
public class Sum{
    static int add(int x,int y){
        return x + y;
    }
    static int add(int x,int y,int z){
        return x + y + z;
    }
    static float add(float x,float y){
        return x + y;
    }
    public static void main(String[]args){
        System. out. println(add(2,3));
        System. out. println(add(2,3,4));
        System. out. println(add(2.1f,3.2f));
    }
}
```

运行结果如图 3 – 7 所示。

5
9
5.3

图3-7　运行结果

任务工单3-2

任务实施

请扫描二维码下载任务工单。

任务实现

请扫描二维码下载该任务的程序代码。

运行结果如图3-8所示。

任务二的程序代码

```
<terminated> Test2 [Java Applicatic
请输入长方形的长:
1
请输入长方形的宽:
2
面积是: 2
```

图3-8　运行结果

任务评价

请扫描二维码查看任务评价标准。

任务评价3-2

任务三　显示教师信息

教学目标

1. 素质目标

（1）培养学生严谨、科学的编程能力；

（2）培养学生的创新精神。

2. 知识目标

（1）掌握对象的创建和使用；

（2）理解 this 关键字的用法；

（3）理解 static 关键字的用法。

3. 能力目标

（1）能创建和使用对象；

（2）能区分 this 关键字的用法；

（3）会使用 static 关键字修饰属性和方法。

任务导入

定义一个名为 Teacher 的教师类，包含的属性有"姓名""年龄"，设计显示教师信息的方法。

功能要求：

（1）根据任务要求编写教师类并包含上述属性和方法。

（2）编写测试类测试教师类的使用。

（3）编写传参数的构造函数，设置教师的属性。

（4）使用 set、get 方法封装教师类。

【想一想】

为什么要使用 set、get 方法封装教师类？

视频 3-5

知识准备

1. 对象的创建与使用

（1）对象的创建

任务一和任务二的案例均定义了类和对象，那么对象的创建用的是什么方法呢？

Java 中创建新的对象必须使用 new 语句，其一般格式为：

```
className objectName = new className(parameter List);
```

此表达式隐含了三个部分，即对象说明、实例化和初始化。

● 对象说明：上面的声明格式中，className objectName 是对象的说明；className 是某个类名，用来说明对象所属的类；objectName 为对象名。例如：

```
Integer IVariable;
```

该语句说明 IVariable 为 Integer 类型。

● 实例化：new 是 Java 实例化对象的运算符。使用命令 new 可以创建新的对象并且为对象分配内存空间。一旦初始化，所有的实例变量也将被初始化，即算术类型初始化为 0，布尔逻辑型初始化为 false，复合类型初始化为 null。例如：

```
Integer IVariable = new Integer(100);
```

此句的功能是实现将 Integer 类型的对象 IVariable 初始值设为 100。

● 初始化：new 运算符后紧跟着一个构造方法的调用。前面介绍过，Java 中构造方法可以重载，因而通过给出不同的参数类型或个数就可以进行不同初始化工作。

（2）使用对象

声明变量是为了在程序中使用变量，同样，创建对象也是为了使用对象。与基本类型变量的不同之处在于：基本类型的变量包含的信息相对简单，对象中包含了属性和处理属性的方法。使用对象属性和方法，采用以下形式：对象名称.属性或方法。之前实例已显示使用方法。当然，也可以同时创建多个对象，每个对象会分别占据自己的空间。

例 3-6 代码

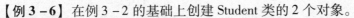

【例3-6】 在例3-2的基础上创建 Student 类的2个对象。

本例的程序代码请扫描二维码下载。

运行结果如图3-9所示。

学生年龄：30
学生年龄：20

（3）匿名对象

匿名对象，即没有名字的对象，指的是在创建一个对象时，只 图3-9　运行结果
有创建的语句，没有将其地址赋给某个变量，例如：

正常创建对象：

```
Student stu = new Student();
```

创建一个匿名对象：

```
new Student();
```

当对象对方法仅进行一次调用时，可简化成匿名对象。

匿名对象还可以作为方法的实际参数进行传递，如：

show 方法传入 Student 对象：

```
show(new Student());
```

【例3-7】 匿名对象的使用。

本例的程序代码请扫描二维码下载。

运行结果："学生年龄：0"。

程序没有对 age 属性赋值，创建对象获取属性的值就是整型变量的初始
值0。

例3-7代码

2. this 关键字

this 关键字有三种用法：

（1）使用 this 调用本类中的属性

大部分时候，使用普通方法访问其他方法、成员变量时，无须使用 this
前缀，但如果方法里有个局部变量与成员变量同名，但程序又需要在该方法里访问这个被覆
盖的成员变量，则必须使用 this 前缀。

视频3-6

【例3-8】 使用 this 调用本类中的属性。

```
class Person{//定义 Person 类
    private String name;      //姓名
    private int age;      //年龄
    public Person(String name,int age){      //通过构造方法赋值
        this.name = name;      //为类中的 name 属性赋值
        this.age = age;      //为类中的 age 属性赋值
    }
    public String getInfo(){                //取得信息法
    return "姓名:"+name+",年龄:"+age;
    }
```

```
    }
public class ExampleDemo07{
    public static void main(String args[]){
        Person per1 = new Person("张三",33);
System.out.println(per1.getInfo());   //取得信息
    }
}
```

运行结果如图 3 – 10 所示。

（2）this( ) 调用构造方法

括号中如果有参数，就是调用指定的有参构造方法。

【例 3 – 9】 使用 this 调用构造方法。

本例的程序代码请扫描二维码下载。

运行结果如图 3 – 11 所示。

姓名：张三，年龄：33

图 3 – 10　运行结果

例 3 – 9 代码

新对象实例化

姓名：张三，年龄：33

图 3 – 11　运行结果

注意：

- this( ) 不能在普通方法中使用，只能写在构造方法中。
- 在构造方法中使用时，必须是第一条语句。

（3）this 表示当前对象

【例 3 – 10】 this 表示当前对象。

本例的程序代码请扫描二维码下载。

运行结果：两个对象相等！

例 3 – 10 代码

3. static 关键字

在程序中使用 static 声明的属性为全局属性，使用 static 声明的方法为类方法。

【例 3 – 11】 static 声明全局属性。

视频 3 – 7

static 关键字

```
class Person{                              //定义 Person 类
    String name;                           //定义 name 属性,暂时不封装
    int age;                               //定义 age 属性,暂时不封装
    static String country = "A 城";         //定义城市属性,有默认值
    public Person(String name,int age){
        this.name = name;
        this.age = age;
    }
```

```
    public void info(){                              //得到信息
        System.out.println("姓名:" + this.name + ",年龄:" + this.age + ",
城市:" + country);
    }
}
class StaticDemo01{
    public static void main(String args[]){
        Person p1 = new Person("张三",30);          //实例化对象
        Person p2 = new Person("李四",31);          //实例化对象
        Person p3 = new Person("王五",32);          //实例化对象
        p1.info();
        p2.info();
        p3.info();
        System.out.println("————————————————————————");
        p1.country = "B 城";                         //由对象修改 static 属性
        p1.info();
        p2.info();
        p3.info();
        System.out.println("————————————————————————");
        Person.country = "C 城";                     //由类修改 static 属性
        p1.info();
        p2.info();
        p3.info();
    }
}
```

运行结果如图 3-12 所示。

```
<terminated> StaticDemo01 [Java Applicatio
姓名：张三，年龄：30，城市：A城
姓名：李四，年龄：31，城市：A城
姓名：王五，年龄：32，城市：A城

姓名：张三，年龄：30，城市：B城
姓名：李四，年龄：31，城市：B城
姓名：王五，年龄：32，城市：B城

姓名：张三，年龄：30，城市：C城
姓名：李四，年龄：31，城市：C城
姓名：王五，年龄：32，城市：C城
```

图 3-12　运行结果

【例 3-12】static 声明类方法。

本例的程序代码请扫描二维码下载。

运行结果如图 3 - 13 所示。

例 3 - 12 代码

```
<terminated> StaticDemo02 [Java Appli
姓名：李四，年龄：31，城市：A城
姓名：王五，年龄：32，城市：A城
————————————————————
姓名：张三，年龄：30，城市：B城
姓名：李四，年龄：31，城市：B城
姓名：王五，年龄：32，城市：B城
```

图 3 - 13　运行结果

最后要注意，非 static 声明的方法可以调用 static 声明的属性和方法，但是 static 声明的方法中不能调用非 static 类型声明的属性或者方法。

任务实施

请扫描二维码下载任务工单。

任务实现

请扫描二维码下载该任务程序代码。

运行结果如图 3 - 14 所示。

任务工单 3 - 3

任务三代码

```
<terminated> TeacherTest [Java App
令狐冲---27
令狐冲---27
- - - - - - - - - - - - - - - - - -
风清扬---30
风清扬---30
```

图 3 - 14　运行结果

任务评价

请扫描二维码查看任务评价标准。

任务评价 3 - 3

任务四　企业典型实践项目实训

实训　学生成绩管理系统

请扫描二维码下载任务工单、该任务的程序代码。

视频 3 - 8

任务工单3-4

任务四代码

运行结果如图3-15所示。

```
学生编号：202201001
学生姓名：李明
数学成绩：95.0
英语成绩：90.0
计算机成绩：96.0
最高分：96.0
最低分：90.0
总分：281.0
```

图3-15　运行结果

任务评价3-4

实训评价

请扫描二维码查看任务评价标准。

知识拓展

该内容请扫描二维码查看。

模块三知识拓展

模块训练

一、选择题

1. 下述函数不属于面向对象函数的是（　　　）。

A. 对象、信息　　　B. 继承、多态　　　C. 类、封装　　　D. 过程调用

2. 类与对象的关系是（　　　）。

A. 类是对象的抽象　　　　　　　　B. 类是对象的具体实例

C. 对象是类的抽象　　　　　　　　D. 对象是类的子类

3. 下列类的定义中，错误的是（　　　）。

A. class x{…}

B. public x extends y{..}

C. public class x extends y{…}

D. class x extends y implements yl{…}

4. 在创建对象时，必须（　　　）。

A. 先声明对象，然后才能使用对象

B. 先声明对象，为对象分配内存空间，然后才能使用对象

C. 先声明对象，为对象分配内存空间，对对象初始化，然后才能使用对象

D. 上述说法都对

二、填空题

1. 面向对象的三大特征：_____、_____、_____。

2. Java 逻辑常量有两个：_____和_____。

3. 比较两个数相等的运算符是_____。

4. Java 中的八种基本数据类型分别是_____、_____、_____、_____、_____、_____、_____。

三、简答题

1. 定义一个 Father 和 Child 类，并进行测试。

要求如下：

（1）Father 类为外部类，类中定义一个私有的 String 类型的属性 name，name 的值为"zhangjun"。

（2）Child 类为 Father 类的内部类，其中定义一个 introFather（）方法，方法中调用 Father 类的 name 属性。

（3）定义一个测试类 Test，在 Test 类的 main（）方法中创建 Child 对象，并调用 introFather（）方法。

2. 简述下列程序运行结果。

```java
class A{
    int y = 6;
    class Inner{
        static int y = 3;
        void show(){
            System.out.println(y);
        }
    }
}
class Demo{
    public static void main(String[]args){
        A.Inner inner = new A().new Inner();
        inner.show();
    }
}
```

3. 写出下列程序运行结果。

```java
class A{
    public A(){
        System.out.println("A");
    }
}
```

```
class B extends A{
    public B(){
        System.out.println("B");
    }

    public static void main(String[]args){
        B b = new B();
    }
}
```

模块四
面向对象编程进阶

模块情境描述

软件技术专业大一学生小王在张经理的建议下学习了面向对象的基础知识，并通过案例掌握了这些技能点，接着学习面向对象的进阶知识。

继承是 Java 面向对象编程技术的一块基石，因为它允许创建分等级层次的类。继承就是子类继承父类的特征和行为，使子类对象（实例）具有父类的实例域和方法，或子类从父类继承方法，使子类具有与父类相同的行为。继承的特性提供了多态的作用。

本模块有四个任务，让学习者了解类的继承、子类对象实例化、成员变量的覆盖和方法的隐藏、super 关键字、抽象类、抽象方法、接口、对象的多态性、包等内容。通过项目实训，学习者能自己定义接口和抽象类，通过继承实现方法的重写和对象的多态。通过本模块的学习，不断培养学习者面向对象编程的思想，养成规范的编码习惯，培养守正创新的职业素养。

本模块知识点如下：

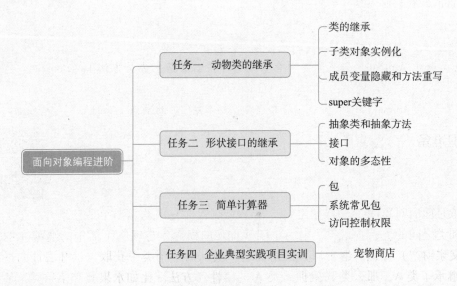

任务一 动物类的继承

教学目标

1. 素质目标

（1）培养学生面向对象的思维方式；

（2）培养学生良好的编程规范和习惯；

（3）培养守正创新的职业素养。

2. 知识目标

（1）掌握类的继承；

（2）理解子类对象实例化的顺序；

（3）掌握属性的隐藏和方法的覆盖；

（4）掌握 super 关键字的用法。

3. 能力目标

（1）能阐述继承的特性；

（2）能明确父类和子类的关系；

（3）在继承关系中能实现属性的隐藏和方法的覆盖；

（4）能正确使用 super 关键字。

任务导入

定义一个动物类 Animal 为父类，定义 Dog 和 Cat 继承 Animal。

功能要求：

Animal 类有私有成员：姓名 name，年龄 age。

构造方法：无参和有参构造方法。

成员方法：setXxx( )/getXxx( )，bite( ) 方法显示"叫声"。

Dog 类继承 Animal，给出无参和有参构造方法，并给出成员方法 lookDoor( )，显示"狗看门"。

Cat 类继承 Animal，添加成员变量 color，给出对应的 setXxx( )/getXxx( ) 方法。

知识准备

1. 类的继承

继承是面向对象的三大特征之一，也是实现软件复用的重要手段。继承是类和类之间的关系，是一个很简单、很直观的概念，与现实生活中的继承（例如儿子继承了父亲财产）类似。继承可以理解为一个类从另一个类中获取方法和属性的过程。如果类 B 继承了类 A，那么类 B 就拥有类 A 的属性和方法。比如水果类和苹果类，苹果类继承水果类，用 Java 语法如何来展现这种继承关系呢？

视频 4-1

定义继承关系的语法结构为：

```
［修饰符］class 子类名 extends 父类名
{类体}
```

如：

```
class Apple extends Fruit
    {…}
```

Java 的继承通过 extends 关键字实现，实现继承的类称为子类，如 Apple 类，被继承的类称为父类，如 Fruit 类。

父类和子类的关系，是一种一般和特殊的关系。

例如学校成员和学生的关系，学生继承了学校成员，学生是学校成员的子类，学校成员是学生的父类。

【例 4 -1】类的继承 – 苹果类。

```java
class Fruit
{
    public double weight;
    public void info()
    {
        System. out. println("我是一个水果！重:" + weight + "g!");
    }
}
public class Apple extends Fruit{
    public static void main(String[]args)
    {
        //创建 Apple 对象
        Apple a = new Apple();
        //Apple 对象本身没有 weight 成员变量
        /* 因为 Apple 父类有 weight 成员变量,所以也可以访问 Apple 对象的
weight 成员变量*/
        a. weight =56;
        //调用 Apple 对象的 info()方法
        a. info();
    }
}
```

运行结果如图 4 –1 所示。

上面的例子中，父类定义了共有性的属性和方法，子类完全继承了父类的属性和方法。

```
<terminated> Apple [Java Applic
我是一个水果！重:56.0g!
```

图 4 – 1 运行结果

除此之外，子类还可以根据自己的具体特点定义自己特有的属性或方法。

对例 4-1 进行改造，给苹果类加一个自己的属性和方法。（在一个工程中，为了避免类名重复，将父类名和子类名在原来的基础上加了 1。）

```java
class Fruit1
{
    public double weight;
    public void info()
    {
        System.out.println("我是一个水果! 重:" + weight + "g!");
    }
}
public class Apple1 extends Fruit1{
    public String  color;
    public void printcolor(){
        System.out.println("我的颜色是:" + color);
    }
    public static void main(String[]args)
    {
        //创建 Apple1 对象
        Apple1 a = new Apple1();
        //Apple1 对象本身没有 weight 成员变量
        /* 因为 Apple1 父类有 weight 成员变量,所以也可以访问 Apple1 对象的
weight 成员变量*/
        a.weight = 56;
        //调用 Apple1 对象的 info()方法
        a.info();
        a.color = "red";//给 Apple1 自己的属性 color 赋值
        a.printcolor();//调用 Apple1 自己的方法 printcolor()
    }
}
```

运行结果如图 4-2 所示。

注意：

①如果定义一个 Java 类时，并未显式指定这个类的直接父类，则这个类默认继承 java.lang.Object 类。java.lang.Object 类是所有类的父类，要么是直接父类，要么是其间接父类。

②Java 类只支持单重继承，即只有一个父类。

③子类可以继承的成员变量与成员变量的访问控制类型有关，成员变量的访问控制类型包括 public、protected、private 和默认的。子类继承父类之后，可以继承父类的 public 和 pro-

<terminated> Apple1 [Java A
我是一个水果!　重:56.0g!
我的颜色是：red

图 4-2　运行结果

tected 类型的成员变量。子类不能直接访问父类中的私有成员，但子类可以调用 setter( ) 或 getter( ) 方法访问私有成员。

【例 4-2】定义一个父类 Parent 类，有 sName 属性；再定义子类 Children，有自己的属性 iAge，在 main 方法中输出子类对象信息。

该案例的程序代码请扫描二维码下载。

运行结果如图 4-3 所示。

子类信息如下：
姓名：李小明

图 4-3　运行结果

例 4-2 代码

2. 子类对象实例化

在 Java 中只允许单继承，不能使用多继承，即一个子类只能继承一个父类。但 Java 语言允许进行多层继承，即一个子类可以有一个父类，一个父类之上还可以有它的父类。

子类对象在实例化时，子类对象会默认先调用父类中的无参构造函数，然后调用子类的构造方法。图 4-4 所示为类的初始化顺序。

【例 4-3】子类对象实例化案例。

```
class Person{
    String name;
    Person(){}              /* 此处默认
构造方法为必需*/
    public Person(String pName){/* 父
类的构造方法*/
        name=pName;
    }
    void showInfo(){            /* 显示
信息*/
        System.out.println("姓名:" +
name);
    }
}

public class Student extends Person{
    String school;
    Student ( String  cName, String
cSchool){//子类的构造方法
```

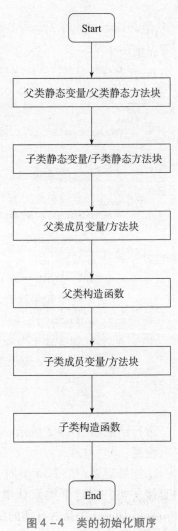

图 4-4　类的初始化顺序

Start → 父类静态变量/父类静态方法块 → 子类静态变量/子类静态方法块 → 父类成员变量/方法块 → 父类构造函数 → 子类成员变量/方法块 → 子类构造函数 → End

```
        //super();   //实际上程序在这里隐含了这样一条语句
        name = cName;
        school = cSchool;
    }


    public static void main(String[]args){
        Student s = new Student("李明","山东大学");
        System. out. println("子类信息:");
        s. showInfo();
    }
}
```

运行结果如图 4-5 所示。

如果把默认的无参构造方法 Person()｛｝ 这一句去掉，如图 4-6 所示，会出现什么结果呢？

```
子类信息:
姓名：李明
```

图4-5 运行结果

```
1  package ch4;
2  class Person{
3      String name ;
4      //Person(){}              //此处默认构造方法为必须
5      public Person(String pName) // 父类的构造方法
6      {
7          name=pName;
8      }
9      void showInfo() {              //显示信息
10         System.out.println("姓名: "+name);
11     }
12 }
13 public class Student extends Person {
14      String school;
15      Student(String cName,String cSchool) // 子类的构造方法
16      {
17          //super() ;   //实际上程序在这里隐含了这样一条语句
18          name=cName;
19          school=cSchool;
20      }
21
22      public static void main(String[] args)
23      {
24          Student s = new Student("李明","山东大学") ;
25          System.out.println("子类信息：");
26          s.showInfo();
27      }
28 }
29
30
```

```
Problems  @ Javadoc  Declaration  Console
<terminated> Student [Java Application] C:\Program Files\Java\jre1.8.0_181\bin\javaw.exe (2020年3月16日 下午3:21:20)
Exception in thread "main" java.lang.Error: Unresolved compilation problem:
     Implicit super constructor Person() is undefined. Must explicitly invoke another constructor

     at ch4.Student.<init>(Student.java:15)
     at ch4.Student.main(Student.java:24)
```

图 4-6 将例 4-3 中的默认构造方法去掉之后的结果

由上面的结果可以看出，去掉默认的构造方法后程序出错，子类的构造方法会默认调用
父类的默认构造方法。super( ) 方法代表子类的超类的构造方法，这里相当于 Person( )，而
构造方法是不参与继承的，所以 Person( )┆┆ 一行的代码是必需的。

下面将例 4 - 3 改造一下，再次观察子类对象实例化的过程。

【例 4 - 4】改造例 4 - 3。

该案例的程序代码请扫描二维码下载。

运行结果如图 4 - 7 所示。

例 4 - 4 代码

```
父类默认构造方法
子类构造方法
子类信息：
姓名：李明
```

图 4 - 7　例 4 - 4 运行结果

例 4 - 4 在例 4 - 3 的基础上，将父类无参数的构造方法加了一个输出语句，子类的构造
方法也加了一个输出语句，从结果很明显地看出来，子类对象在实例化之前先调用了父类无
参数的构造方法，再调用自己的构造方法。

【例 4 - 5】类的初始化顺序。

该案例的程序代码请扫描二维码下载。

运行结果如图 4 - 8 所示。

例 4 - 5 代码

```
main方法
父---静态变量
父类---静态初始化块
子类---静态变量
子类---静态初始化块
父类---普通变量
父类---初始化块
父类---构造方法
子类---变量
子类---初始化块
子类---构造方法
```

图 4 - 8　运行结果

3. 成员变量隐藏和方法重写

通过继承，子类可以使用父类的属性和方法。但当子类重新定义与父
类同名的方法时，子类方法的功能会覆盖父类同名方法的功能，这叫作方
法重写。

同样，当子类的成员变量与父类的成员变量同名时，在子类中会隐藏
父类同名变量的值，这叫作变量的隐藏。

视频 4 - 2

方法重写和变量隐藏发生在有父子类继承关系中，父子类两个同名方法的参数列表和返

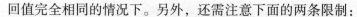

回值完全相同的情况下。另外，还需注意下面的两条限制：

（1）重写的方法不能比被重写的方法拥有更严格的访问权限；

（2）重写的方法不能比被重写的方法产生更多的异常。

【例4-6】成员变量的隐藏。

```
class Parent{
    int a =10;
}
public class Child extends Parent{
int a =20;
    public static void main(String args[]){
        Child child =new Child();
        System. out. println(child. a);
    }
}
```

运行结果：20

从结果可以看出，子类中的成员变量 a 隐藏了父类中的成员变量 a。

【例4-7】方法的重写和变量的隐藏。

```
class Parent{
    String name;                              //姓名
    char sex;                                 //性别
    Parent(){}                                //此处默认构造方法为必需
    Parent(String n,char s){                  //构造方法
        name =n;
        sex =s;
    }
    void showInfo(){                          //显示个人信息
        System. out. println("姓名:"+name);
        System. out. println("性别:"+sex);
    }
}
class Children extends Parent{
String name;                                  //子女姓名
int age;
    Children(String cName,char cSex,int cAge){    //构造方法
    //super();                                     //默认省略了此语句
        name =cName;
        sex =cSex;
        age =cAge;
```

```
    }
    void showInfo(){   //显示子类实例信息,重写了父类的 showInfo()方法
        System.out.println("孩子的姓名:"+name);
        System.out.println("孩子的性别:"+sex);
        System.out.println("孩子的年龄:"+age);
    }
    public static void main(String[]args){
        Children children=new Children("李小明",'M',10);
        System.out.println("子类信息如下:");
        children.showInfo();
    }
}
```

运行结果如图4-9所示。

```
子类信息如下：
孩子的姓名：李小明
孩子的性别：M
孩子的年龄：10
```

图4-9 运行结果

4. super 关键字

视频 4-3

super 有三种用法：
- 访问父类方法中被覆盖的方法。
- 访问父类中隐藏的成员变量。
- 调用父类构造方法。

在例4-3中，提到了 super 关键字。它是指向父类的引用，如果子类构造方法没有显式地调用父类的构造方法，那么编译器会自动为它加上一个默认的 super() 方法调用。如果父类没有默认的无参构造方法，编译器就会报错，super() 语句必须是构造方法的第一个子句。

前面讲了变量的隐藏，当子类定义了一个与父类同名的变量时，就会将父类的变量隐藏。那么如何才能使用父类的同名变量呢？看下面的例子。

【例4-8】super 访问父类的方法。

```
public class Superdemo2{
    public static void main(String args[]){
        Son s=new Son();
        s.display();
```

```
    }
  }
class Father{
    void message(){
        System.out.println("This is Father class");
    }
}

class Son extends Father{
    void message(){    //子类覆盖了父类的同名方法

        System.out.println("This is son class");
    }

    void display(){
        message();//子类自己的方法
        super.message();//super 调用父类的方法
    }
}
```

运行结果如图 4-10 所示。

【例 4-9】super 引用父类成员变量、调用父类构造方法。

该案例的程序代码请扫描二维码下载。

运行结果如图 4-11 所示。

```
This is son class
This is Father class
```

图 4-10　运行结果

例 4-9 代码

```
this为当前类的实例吗？true
父母名称：李明，王丽
子女名称：李小明
子女性别：M
```

图 4-11　运行结果

注意：

①通过 super 调用父类构造方法的代码必须位于子类构造方法的第一行，并且只能出现一次。

②父类只有带参构造方法（无参构造方法没有），子类必须有相同参数的构造方法，并且还需要调用 super（参数）。

任务实施

请扫描二维码下载任务工单、本任务的程序代码。

99

任务工单 4 - 1   任务一的程序代码

运行结果如图 4 - 12 所示。

```
姓名：旺财   年龄：3
汪汪汪
狗看门
姓名：Tom，年龄：2，颜色：白色
喵喵喵
```

图 4 - 12   运行结果

任务评价

请扫描二维码查看任务评价标准。

任务评价 4 - 1

任务二　形状接口的继承

教学目标

1. 素质目标

（1）培养学生建立程序框架的能力；

（2）培养学生良好的编程规范和习惯。

2. 知识目标

（1）理解抽象类和抽象方法的作用；

（2）掌握抽象类和抽象方法的使用规则；

（3）掌握接口的使用方法；

（4）理解对象的多态性。

3. 能力目标

（1）能阐述抽象类和抽象方法的作用；

（2）能使用抽象类编写程序；

（3）能使用接口编程；

（4）能区分对象的多态性。

任务导入

定义一个接口 Shape，定义求面积和求周长的方法。定义子类矩形类 Rectangle，重写求面积和求周长的方法。

知识准备

1. 抽象类和抽象方法

视频 4 – 4

（1）抽象类和抽象方法的概念

在面向对象的概念中，所有的对象都是通过类来描绘的，但是反过来，并不是所有的类都是用来描绘对象的，如果一个类中没有包含足够的信息来描绘一个具体的对象，那么这样的类就是抽象类。

抽象方法是只有方法声明而没有方法体的特殊方法，如下例：

```
abstract void talk();
```

如果一个类中含有抽象方法，这个类就称为抽象类，如下例：

```
abstract class Animal{
    abstract void talk();
    void getSkinColor(){…}}
```

talk() 抽象方法只有修饰符和方法名，没有方法体，需要 abstract 关键字修饰；class Animal 中有抽象方法 talk()，虽然 Animal 类中也有其他有方法体的方法，但只要类中有一个方法是抽象的，类就是抽象的。所以，它自然成为抽象类，也需要 abstract 关键字修饰。

（2）抽象类和抽象方法的作用

在设计程序时，通常先将一些具有相关功能的方法组织在一起，形成特定的类，然后由其他子类来继承这个类，在子类中将覆盖这些没有实现的方法，完成特定的功能。这种编程模式通常是基于相对较大型工程的设计而言的，在这些大型工程中，实现的技术比较复杂，模块多，代码量大，涉及编程的相关人员较多，角色和任务也不尽相同，为了合理安排软件工程的开发工作，需要一部分资深程序员先对程序框架做整体设计，其他程序员再在建立好的框架基础上做更细致的编程，就像"建一座大厦要先建好钢筋混凝土框架再垒墙砖"一样，抽象类和方法就是起到"建立框架"的作用。

（3）抽象类和抽象方法需注意的问题

①抽象类中可以包含普通的方法，也可以没有抽象方法。抽象方法只需要声明，不需要实现；抽象类除了不能实例化对象之外，类的其他功能依然存在，成员变量、成员方法和构造方法的访问方式与普通类的一样。

②由于抽象类不能实例化对象，所以抽象类必须被继承，才能被使用。也是由于这个原因，通常在设计阶段决定要不要设计抽象类。

③父类包含了类集合的常见方法，但是由于父类本身是抽象的，所以不能使用这些方法。子类必须重写抽象类中全部的抽象方法，如果子类没有重写全部方法，子类也应该是抽

象类。

④在 Java 中抽象类表示的是一种继承关系，一个类只能继承一个抽象类，而一个类却可以实现多个接口。

⑤抽象类不能使用 final 关键字声明，因为使用 final 声明的类不能被继承。抽象方法不能用 final、private 关键字声明，因为使用 final、private 关键字声明的方法不能被子类重写。

【例 4 - 10】抽象类和抽象方法的使用案例 1。

```java
abstract class Telephone{      //抽象类
    public abstract void call();   //抽象方法
    public abstract void message();//抽象方法
}
class CellPhone extends Telephone{//子类
    public void call(){    //子类实现抽象方法
        System.out.println("通过键盘打电话");
    }
    public void message(){//子类实现抽象方法
        System.out.println("通过键盘发短信");
    }
}
class SmartPhone extends Telephone{//子类
    public void call(){    //子类实现抽象方法
        System.out.println("通过语音打电话");
    }
    public void message(){    //子类实现抽象方法
        System.out.println("通过语音发短信");
    }
}
public class AbstractDemo1{
    public static void main(String[]args){
        Telephone tel1 = new CellPhone();
        tel1.call();
        tel1.message();
        Telephone tel2 = new SmartPhone();
        tel2.call();
        tel2.message();
    }
}
```

运行结果如图 4 - 13 所示。

【例 4 - 11】抽象类和抽象方法的使用案例 2。

该案例的程序代码请扫描二维码下载。

通过键盘打电话
通过键盘发短信
通过语音打电话
通过语音发短信

图4-13 运行结果　　　　　例4-11代码

运行结果如图4-14所示。

犬科动物 德国黑贝
汪汪
猫科动物 波斯猫
喵喵

图4-14 运行结果

视频4-5

2. 接口

（1）接口的概念

Java接口是一系列方法的声明，是一些方法特征的集合，一个接口只有方法的特征，没有方法的实现，因此这些方法可以在不同的地方被不同的类实现，而这些实现可以具有不同的行为（功能）。接口由全局常量和公共的抽象方法组成。接口是解决Java无法使用多继承问题的一种手段，可以直接把接口理解为100%的抽象类，即接口中的方法必须全部是抽象方法。

（2）接口的特点

就像一个类一样，一个接口也能够拥有方法和属性，但是在接口中声明的方法默认是抽象的，即只有方法标识符，而没有方法体。

● 接口指明了一个类必须要做什么和不能做什么，相当于类的蓝图。

● 一个接口代表一种能力，如Java库中的Comparator接口，这个接口代表了"能够进行比较"这种能力，任何类只要实现了这个Comparator接口，这个类也具备了"比较"这种能力，那么就可以用来进行排序操作了。所以，接口的作用就是告诉类，要实现这种接口所代表的功能，就必须要实现某些方法。

● 如果一个类实现了一个接口中要求的所有方法，然而没有提供方法体而仅仅只有方法标识，那么这个类一定是一个抽象类。（必须记住：抽象方法只能存在于抽象类或者接口中，但抽象类中却能存在非抽象方法，即有方法体的方法。接口是100%的抽象类。）

（3）接口的语法格式

```
[修饰符]interface 接口名[extends 父接口名列表]{
    [public][static][final]常量;
    [public][abstract]方法;
}
```

修饰符：可选参数 public，如果省略，则为默认的访问权限。

接口名：指定接口的名称，默认情况下，接口名必须是合法的 Java 标识符，一般情况下，要求首字符大写。

extends 父接口名列表：可选参数，指定定义的接口继承哪个父接口。当使用 extends 关键字时，父接口名为必选参数。

方法：接口中的方法只有定义而不能有实现。

如：

```
interface A{
    public static final int a = 4;
    public abstact void display();
}
```

注意：接口中成员属性默认是 public static final 修饰，成员方法是 public abstact 修饰，所以上述定义可以简写为：

```
interface A{
    int a = 4;
    void display();
}
```

Java 用 implements 实现接口，格式如下：

```
[修饰符]class <类名>[extends 父类名][implements 接口列表]
{
}
```

修饰符：可选参数，用于指定类的访问权限，可选值为 public、abstract 和 final。

类名：必选参数，用于指定类的名称，类名必须是合法的 Java 标识符。一般情况下，要求首字母大写。

extends 父类名：可选参数，用于指定要定义的类继承于哪个父类。当使用 extends 关键字时，父类名为必选参数。

implements 接口列表：可选参数，用于指定该类实现的是哪些接口。当使用 implements 关键字时，接口列表为必选参数。当接口列表中存在多个接口名时，各个接口名之间使用逗号分隔。

如：

```
class B implements A{
    public void display(){
        System. out. println("hello world!");
    }
}
```

上面 B 类实现了 A 接口，就必须实现接口中的抽象方法 display()。

注意：实现接口中的抽象方法时，关键字 public 不能省略。

（4）接口与抽象类的区别（表4-1）

表4-1　接口与抽象类的区别

区别点	抽象类	接口
定义	包含一个抽象方法的类	抽象方法和全局常量的集合
组成	构造方法，抽象方法，普通方法，常量，变量	常量，抽象方法
使用	子类继承抽象类（extends）	子类实现接口（implements）
关系	抽象类可以实现多个接口	接口不能继承抽象类，但允许继承多个接口
常见设计模式	模板设计	工厂设计、代理设计
对象	都通过对象的多态性产生实例化对象	
局限	抽象类有单继承的局限	接口没有此局限
实际	作为一个模板	作为一个标准或表示一种能力
选择	如果抽象类和接口都可以使用，则优先使用接口，避免单继承的局限	
特殊	一个抽象类中可以包含多个接口，一个接口中可以包含多个抽象类	

【例4-12】定义 USB 接口，让打印机类 Print 继承该接口。

```java
interface USB{
    public void work();        //连接 USB 设备,开始工作
}

class Print implements USB{     //实现接口
    //打印机实现了 USB 接口标准(对接口的方法实现)
    public void work(){
        System. out. println("打印机用 USB 接口,连接,开始工作。");
    }
}
public class InterfaceDemo1{
    public static void main(String args[]){
        Print p = new Print();
        p. work();
    }
}
```

运行结果如图4-15所示。

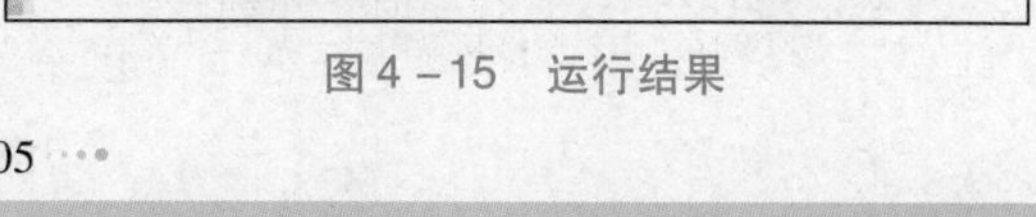

【例4-13】鸟类和昆虫类都具有飞行的功能，定义一个接口，专门描述飞行。

该案例的程序代码请扫描二维码下载。

图4-15　运行结果

运行结果如图 4 – 16 所示。

例 4 – 13 代码

```
Ant can  fly
Ant's legs are 6
pigeon  can fly
pigeon  can lay  eggs
```

图 4 – 16　运行结果

【例 4 – 14】定义一个圆形接口 Circle，定义一个类 InterfaceDemo3 继承该接口，实现接口的半径设置和求面积的抽象方法。

该案例的程序代码请扫描二维码下载。

运行结果如图 4 – 17 所示。

例 4 – 14 代码

```
接口中定义的PI=3.14159
半径为 5.0
面积为 78.53975
```

图 4 – 17　运行结果

3. 对象的多态性

视频 4 – 6

Java 中的多态性表现：

- 方法的重载和重写；
- 对象的多态性，即可以用父类的引用指向子类的具体实现，而且可以随时更换为其他子类的具体实现。

方法的重载和重写，前面的章节已介绍了，下面看一下对象的多态性。

多态性是指在有继承关系的情况下，父类的对象可以指向子类的对象，且父类对象在调用相同的方法时，具有多种不同的形式或状态。

如：

```
Animal a;  //定义 Animal 对象
a = new Dog();//该对象指向子类 Dog 的对象
```

这说明父类对象可以存储子类对象。如果执行 a. bite( ) 语句，该语句调用的是子类 Dog 的方法。但这种调用是有前提的：父类定义了 bite( ) 方法或者子类重写了父类的 bite( ) 方法，否则，会出现编译错误（参考例 4 – 11）。

【例 4 – 15】对象多态性实例。

```
abstract class People{  //定义抽象类 People
    abstract void showInfo();//定义抽象方法
}
class Teacher extends People{  //继承抽象类
```

```
        void showInfo(){  //重写父类的抽象方法
            System.out.println("我是一名老师");
        }
    }
    class Doctor extends People{//继承抽象类
        void showInfo(){  //重写父类的抽象方法
                System.out.println("我是一名医生");
        }
    }
    public class PeopleDemo{
        public static void main(String args[]){
            People p;  //定义父类的引用
            p = new Teacher();  //父类的引用指向子类的实例
            p.showInfo();
            p = new Doctor();//父类的引用指向子类的实例
            p.showInfo();
        }
    }
```

运行结果如图 4 - 18 所示。

【例 4 - 16】例 4 - 15 使用继承方式演示了多态，其实，在实际开发中，更多的是用接口。将例 4 - 15 改成接口。

该案例的程序代码请扫描二维码下载。

运行结果如图 4 - 18 所示。

我是一名老师
我是一名医生

图 4 - 18 运行结果

任务实施

请扫描二维码下载任务工单、本任务的程序代码。

例 4 - 16 代码

任务工单 4 - 2

任务二的程序代码

运行结果如图 4 - 19 所示。

【试一试】

将 Shape 定义为抽象类，定义求面积和求周长的方法。定义子类矩形类 Rectangle，继承抽象类，重写求面积和求周长的方法，动手试一试吧。

```
3 4
面积: 12.0 周长: 14.0
5 6
面积: 30.0 周长: 22.0
```

图 4 - 19 运行结果

任务评价

请扫描二维码查看任务评价标准。

任务三 简单计算器

教学目标

1. 素质目标

（1）培养学生程序设计的逻辑思维能力；

（2）培养学生良好的编程规范和习惯。

2. 知识目标

（1）理解包的概念和作用；

（2）掌握包的创建和使用；

（3）理解4种访问控制权限的作用。

3. 能力目标

（1）能阐述包的作用；

（2）能创建和使用包；

（3）能区分4种访问控制权限。

任务导入

在一个包中新建类 Calculate，包含加、减、乘、除4种方法，在另一个包中导入类 Calculate，进行加、减、乘、除运算。

知识准备

1. 包

（1）包的概念

视频 4 -7

Java 项目可以管理几十个甚至更多的类文件，不同功能的类文件被组织到不同的包中，包类似于文件系统中的文件夹，它可以允许类组成较小的类文件夹，易于找到和使用相应的文件。

如同文件夹一样，包也采用了树形目录的存储方式。同一个包中的类的名字是不同的，不同包中的类的名字可以相同，当同时调用两个不同包中相同类名的类时，应该加上包名进行区别。因此，包可以避免名字冲突。如图 4 - 20 所示，在 package1 包中有类 A，在 package2 中也有

```
PackageDemo
  JRE System Library [JavaSE-1.8]
  src
    package1
      A.java
    package2
      A.java
      B.java
```

图 4 - 20　包的树形结构

类 A。

比如，在 Eclipse 中，新建工程 ch4 后，再新建类，就会发现 PackageExplorer 窗口的结构如图 4－21 所示。

这是默认建的包，和工程名同名。

JDK 中定义的类就采用了"包"机制进行层次式管理。例如，图 4－22 显示了其组织结构的一部分。

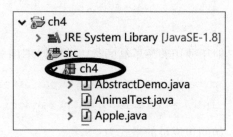

图 4－21　默认包结构

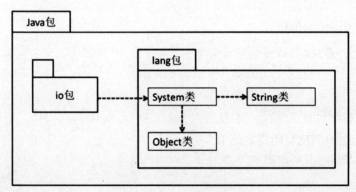

图 4－22　Java 包逻辑结构

（2）包的声明

包的声明用 package 关键字，package 语句的一般形式为：

```
package packageName;
```

如：

```
package mypackage1;
public class A{
    …}
```

类的修饰符 public 指明该类可以被包外的类访问，如果不加 public，类只能被同一包中的类访问。

（3）包的导入和包成员的访问

【想一想】

前面的程序里有没有第一行代码是 import…的情况，它的作用是什么？

导入包成员使用 import 关键字，语法有以下 3 种：

```
import 包名.*；（使用*,导入包中的通用类和接口,无子包）
import 包名.类名；（导入包中指定的类）
import 父包名.子包名.*；(导入父包内子包中的通用类和接口)
```

而 import 语句的位置在 package 语句之后，类定义之前，例如：

```
package mypackage2;
```

```
import mypackage1.A;
class B{…}
```

对于使用频率不高的类，也可以不用 import 导入而直接给出包封装的全名，例如：

```
mypackage1.A a = new mypackage1.A();
int i = java.lang.Math.random();
```

访问包成员的格式为：

```
包名.类名
```

程序源代码调用包成员格式：

```
包名.类名.类成员
```

如上例：

```
Java.lang.Math.random();
```

【例 4 – 17】包的创建与使用案例 1。

①创建包 package1，新建类 A。

```
package package1;
public class A{
    public String talk(){        //类中的方法
        return "A ── >>talk()";//返回一串字符串
    }
}
```

②创建包 package2，新建类 B，导入 package1 中的类 A。

```
package package2;
import package1.A;
public class B{
    public static void main(String[]args){
        A a = new A();
        //调用 package1.A 中的方法并输出
        System.out.println(a.talk());
    }
}
```

运行结果如下所示。

```
A ── >>talk()
```

【例 4 – 18】包的创建与使用案例 2。

该案例的程序代码请扫描二维码下载。

运行结果如图 4 – 23 所示。

例 4 – 18 代码

2. 系统常见包

Java SE 提供了一些系统包，其中包含了 Java 开发中常用的基础类。在 Java 语言中，开发人员可以自定义包，也可以使用系统包。常用的系统包见表 4-2。

```
有人下车!
1路车还有5人
```
图 4-23   实训运行结果

表 4-2   系统常见包

包名	用途说明与常用类举例
java. lang	是包含了 Java 语言的基本核心类的包
	数据类型包装类：Double、Float、Byte、Short、Integer、Long、Boolean 等；基本数学函数 Math 类；字符串处理的 String 类和 StringBuffer 类；异常类 Runtime；线程 Thread 类、ThreadGroup 类、Runnable 类；System、Object、Number、Cloneable、Class、ClassLoader、Package 类等
java. awt	存放 AWT（抽象窗口工具包）组件类的包，用于构建和管理应用程序的图像用户界面 GUI
	组件 Button、TextField 类等，以及绘图类 Grahpics、字体类 Font、事件子包 event 包
java. awt. event	是 awt 包的一个子包，存放用于事件处理的相关类和监听接口
	ActionEvent 类、MouseEvent 类、KeyListener 接口等
java. net	提供了与网络操作功能相关的类和接口的包
	套接字 Socket 类、服务器端套接字 ServerSocket 类、统一定位地址 URL 类、数据报 DatagramPacket 类等
java. io	提供了处理输入/输出类和接口的包
	文件类 File、输入流类 InputStream、Reader 类及其子类、输出流类 OutputStream、Writer 类及其子类
java. util	提供了一些常用程序类和集合框架类
	列表 List、数组 Arrays、向量 Vector、堆栈 Stack、日期类 Date、日历类 Calendar、随机数类 Random 等
javax. swing	是 Java 扩展包，用于存放 swing 组件以构建图形用户界面
	JButton、JTable、控制界面风格显示 UIManager 类、LookAndFeel 类等

【例 4-19】定义长度是 10 的整型数组，元素值为随机整数，排好序后输出。

```java
import java. util. Random;
import java. util. Arrays;
public class Sortrandom{
    public static void main(String args[]){
        int[]a = new int[10];      //创建有 10 个元素的整型数组
        for(int i = 0;i < 10;i ++){
            Random r = new Random();   //创建 Random 类的对象
```

```
            int x = r.nextInt();  //取得随机整数
            a[i] = x;
        }
        Arrays.sort(a);       //调用排序方法,默认从小到大排序
        for(int j = 0;j < 10;j ++ )
            System.out.println(a[j]);
    }
}
```

运行结果如图 4 - 24 所示。

```
-1657000191
-1439894326
-916170971
-185536834
106604016
152649499
616461464
1405137827
1824090724
1825087809
```

图 4 - 24　运行结果

例 4 - 20 代码

【例 4 - 20】在键盘上输入个人信息并显示出来。
该案例的程序代码请扫描二维码下载。

运行结果如图 4 - 25 所示。

注意：

由于 Scanner 对象将首先跳过输入流开头的所有空白分隔符，然后对输入流中的信息进行检查，直到遇到空白分隔符为止。例 4 - 20 改变了默认的分割符，用回车符表示。

3. 访问控制权限

在 Java 中，提供了 4 种访问权限控制：默认访问权限（包访问权限）、public、private 以及 protected。

```
欢迎来到山东劳动职业技术学院
请问你叫什么名字呢?
李明
请问你来自哪里呢?
青岛
你报的什么专业?
计算机
好的,那么我来复述一下你的信息:
你叫李明,来自于:青岛
你报的专业是:计算机
对吧~~
```

图 4 - 25　运行结果

注意，上述 4 种访问权限，只有默认访问权限和 public 能够用来修饰类。对于修饰类的变量和方法，4 种权限都可以。（本处所说的类针对的是外部类，不包括内部类。）

（1）同一包中的内部访问

【例 4 - 21】在包 package1 中新建类 Father，定义 4 个不同修饰符修饰的属性。

```
package package1;
public class Father{
```

```
    private String p1 ="这是私有的";
    protected String p2 ="这是受保护的";
    public String p3 ="这是公共的";
    String p4 ="这是默认的";
    public static void main(String[ ]args){
        Father father = new Father();
        System.out.println("father 实例访问:" + father.p1);
        System.out.println("father 实例访问:" + father.p2);
        System.out.println("father 实例访问:" + father.p3);
        System.out.println("father 实例访问:" + father.p4);
    }
}
```

运行结果如图 4 - 26 所示。

```
father 实例访问：这是私有的
father 实例访问：这是受保护的
father 实例访问：这是公共的
father 实例访问：这是默认的
```

图 4 - 26　运行结果

从运行结果可见，4 种类型都支持类内部访问。

（2）同包中的继承关系

【例 4 - 22】在 package1 包中建一个 Child 类，继承 Father 类，分别通过 Father 的对象和 Child 的对象访问属性。

该案例的程序代码请扫描二维码下载。

运行结果如图 4 - 27 所示。

由运行结果可见，在同一个包中，子类可以访问父类除 private 类型之外的类型的属性和方法。

（3）不同包的继承关系

【例 4 - 23】在 package2 包中创建一个 Child2 类，继承自 Father 类，创建一个 Father 的对象和 Child2 的对象，访问其属性。

例 4 - 22 代码

```
这是受保护的
这是公共的
这是默认的
- - - - - - - - - - -
这是受保护的
这是公共的
这是默认的
```

图 4 - 27　运行结果

```
package package2;
import package1.Father;
public class Child2 extends Father{
    public static void main(String[ ]args){
        Father father = new Father();
        //System.out.println(father.p2);
        System.out.println(father.p3);
```

```
        //System. out. println(father. p4);
        Child2 child2 = new Child2();
        System. out. println(child2. p2);
        System. out. println(child2. p3);
        //System. out. println(child2. p4);
    }
}
```

运行结果如图 4 - 28 所示。

从运行结果可见，对于 Father 类的对象，只能访问到 p3 属性，也就是 public 类型，其他类型都不能访问。

对于 Child2 类的对象，通过子类访问父类属性，发现它可以访问 p2 和 p3 属性，也就是 protected 和 public 类型。

```
这是公共的
- - - - - - - - - - - - -
这是受保护的
这是公共的
```

图 4 - 28　运行结果

即对于 private，只能进行类内访问；对于 protected，除了内部访问外，也可以被子类访问，即使在不同包中；对于 default，除了内部访问外，子类如果访问，必须满足同包的条件；public 则没有限制。

注意：如果去掉例 4 - 23 中代码的注释符号，会出现什么错误？

（4）同一包中，不是继承关系

【例 4 - 24】在 package1 包中创建一个 Test 类，创建 Father、Child、Child2 对象，查看访问属性的情况。

```
package package1;
import package2. Child2;
public class Test{
    public static void main(String[ ]args){
        Father father = new Father();
        System. out. println("father 对象访问:" + father. p2);
        System. out. println("father 对象访问:" + father. p3);
        System. out. println("father 对象访问:" + father. p4);
        System. out. println(" - - - - - - - - - - - - - - - - - - - - - - - - - ");
        Child child = new Child();
        System. out. println("child 对象访问:" + child. p2);
        System. out. println("child 对象访问:" + child. p3);
        System. out. println("child 对象访问:" + child. p4);
        System. out. println(" - - - - - - - - - - - - - - - - - - - - - - - - - ");
        Child2 child2 = new Child2();
        System. out. println("child2 对象访问:" + child2. p2);
        System. out. println("child2 对象访问:" + child2. p3);
    }
}
```

运行结果如图 4-29 所示。

从运行结果可见，Father 对象和 Child 对象都能访问除 p1 属性以外的其他属性，这说明同包 protected 满足同包中非子类访问，default 也满足同包中非子类访问。而 Child2 对于 Test 来说不是同包的类，所以，Test 只能访问 Child2 的 p2 和 p3 属性。

【例 4-25】将例 4-24 改变一下，在 package2 中创建一个 Test2 类，用它去访问 Father、Child、Child2 对应的属性。

该案例的程序代码请扫描二维码下载。

运行结果如图 4-30 所示。

```
father对象访问：这是受保护的
father对象访问：这是公共的
father对象访问：这是默认的
---------------------------
child对象访问：这是受保护的
child对象访问：这是公共的
child对象访问：这是默认的
---------------------------
child2对象访问：这是受保护的
child2对象访问：这是公共的
```

图 4-29 运行结果

例 4-25 代码

```
father 实例访问：这是公共的
child 实例访问：这是公共的
child2 实例访问：这是公共的
```

图 4-30 运行结果

从运行结果可见，只能访问 p3 属性，也就是 public 修饰的属性。

总结见表 4-3。

表 4-3 访问控制修饰符

成员	private	默认	protected	public
同一类内	√	√	√	√
同一包中的类		√	√	√
不同包中的子类			√	√
不同包非子类				√

任务实施

请扫描二维码下载任务工单、本任务的程序代码。

任务工单 4-3

任务三的程序代码

```
10
5
10+5=15
10-5=5
10*5=50
10/5=2
```

图 4-31 运行结果

运行结果如图 4-31 所示。

任务评价

请扫描二维码查看任务评价标准。

任务四　企业典型实践项目实训

实训　宠物商店

请扫描二维码下载任务工单、本任务的程序代码。

任务工单 4-4

任务四的程序代码

视频 4-8　宠物商店

实训评价

请扫描二维码查看任务评价标准。

任务评价 4-4

模块训练

一、选择题

1. Java 语言的类间的继承关系是（　　）。

A. 多重的　　　　　B. 单重的　　　　　C. 线程的　　　　　D. 不能继承

2. 以下关于 Java 语言继承的说法，正确的是（　　）。

A. Java 中的类可以有多个直接父类　　　B. 抽象类不能有子类

C. Java 中的接口支持多继承　　　　　　D. 最终类可以作为其他类的父类

3. 现有两个类 A、B，以下描述中，表示 B 继承自 A 的是（　　）。

A. class A extends B　　　　　　　　　B. class B implements A

C. class A implements B　　　　　　　　D. class B extends A

4. 下列选项中，用于定义接口的关键字是（　　）。

A. interface　　　　B. implements　　　　C. abstract　　　　D. class

5. 下列选项中，用于实现接口的关键字是（　　）。

A. interface　　　　B. implements　　　　C. abstract　　　　D. class

6. Java 语言的类间继承的关键字是（　　）。

A. implements　　　　B. extends　　　　C. class　　　　D. public

7. 以下关于 Java 语言继承的说法，错误的是（　　）。

A. Java 中的类可以有多个直接父类　　　B. 抽象类可以有子类

C. Java 中的接口支持多继承　　　　　　D. 最终类不可以作为其他类的父类

8. 现有两个类 M、N，以下描述中，表示 N 继承自 M 的是（　　　）。

A. class M extends N　　　　　　　　B. class n implements M

C. class M implements N　　　　　　　D. class n extends M

9. 现有类 A 和接口 B，以下描述中，表示类 A 实现接口 B 的语句是（　　　）。

A. class A implements B　　　　　　　B. class B implements A

C. class A extends B　　　　　　　　D. class B extends A

10. 下列选项中，定义抽象类的关键字是（　　　）。

A. interface　　　　B. implements　　　　C. abstract　　　　D. class

11. 下列选项中，定义最终类的关键字是（　　　）。

A. interface　　　　B. implements　　　　C. abstract　　　　D. final

12. 下列选项中，（　　　）是 Java 语言所有类的父类。

A. String　　　　　B. \ctor　　　　　　C. Object　　　　　D. KeyEvent

13. Java 语言中，用于判断某个对象是否是某个类的实例的运算符是（　　　）。

A. instanceof　　　　B. +　　　　　　　C. isinstance　　　　D. &&

14. 下列选项中，表示数据或方法可以被同一包中的任何类或它的子类访问，即使子类在不同的包中也可以访问的修饰符是（　　　）。

A. public　　　　　B. protected　　　　　C. private　　　　　D. final

15. 下列选项中，表示数据或方法只能被本类访问的修饰符是（　　　）。

A. public　　　　　B. protected　　　　　C. private　　　　　D. final

16. 下列选项中，接口中方法的默认可见性修饰符是（　　　）。

A. public　　　　　B. protected　　　　　C. private　　　　　D. final

17. 下列选项中，表示终极方法的修饰符是（　　　）。

A. interface　　　　B. final　　　　　　C. abstract　　　　　D. implements

18. 下列选项中，定义接口 MyInterface 的语句正确的是（　　　）。

A. interface MyInterface　　　　　　　B. implements MyInterface ti

C. class MyInterface　　　　　　　　D. implements interface Myii

19. 如果子类中的方法 mymethod 覆盖了父类中的方法 mymethod，假设父类方法头部定义如下：void mymethod(int a)，则子类方法的定义不合法的是（　　　）。

A. public void mymethod(int a)　　　　B. protected void mymethod(int a)

C. private void mymethod(int a)　　　　D. void mymethod(int a)

二、填空题

1. 如果子类中的某个变量的变量名与它的父类中的某个变量完全一样，则称子类中的这个变量_____父类的同名变量。

2. 属性的隐藏是指子类重新定义从父类继承来的_____。

3. 如果子类中的某个方法的名字、返回值类型和_____与它的父类中的某个方法完全一样，则称子类中的这个方法覆盖了父类的同名方法。

4. Java 仅支持类间的_____继承。

5. 抽象方法只有方法头，没有_____。

6. Java 语言的接口是特殊的类，其中包含常量和_____方法。

7. 接口中所有属性均为_____。

8. 如果接口中定义了一个方法 methodA、一个属性 a1，那么如果一个类 ClassA 要实现这个接口，就必须实现其中的_____方法。

9. 一个类如果实现一个接口，那么它就必须实现接口中定义的所有方法，否则，该类就必须定义成_____。

10. 如果子类中的方法 compute 覆盖了父类中的方法 compute，假设父类的 compute 方法头部有可见性修饰符 public，则子类的同名方法的可见性修饰符必须是_____。

11. Java 仅支持类间的单重继承，接口可以弥补这个缺陷，支持_____继承。

12. 在方法头用 abstract 修饰符进行修饰的方法叫作_____方法。

13. Java 语言中用于表示类间继承的关键字是_____。

14. 接口中所有方法均为_____。

15. Java 语言中，表示一个类不能再被继承的关键字是_____。

16. Java 语言中，表示一个类 A 继承自父类 B，并实现接口 C 的语句是_____。

三、编程题

1. 定义一个类，描述一个矩形，包含有长、宽两种属性，以及计算面积的方法。

2. 编写一个类，继承自矩形类，同时该类描述长方体，具有长、宽、高属性和计算体积的方法。

3. 编写一个测试类，对以上两个类进行测试，创建一个长方体，定义其长、宽、高，输出其底面积和体积。

模块五
集 合

软件技术专业大一学生小王申请加入学校卓越工坊，近期工坊在为学校超市开发一款超市管理系统。经过需求调研，用户要求超市管理系统对商品进行管理，并能够实现商品按类别添加、查找等常见操作。超市管理系统能描述商品的编号、名称，能显示某特定商品的相关信息，能描述商品的类别，显示该类别的所有商品信息以及为该类别添加一个商品。能根据商品名称查找商品，将某个商品或某些商品添加到它所隶属的类别里，能显示该系统中所有的商品类别及该类别中的所有商品信息。根据用户需求，项目组技术负责人对软件进行设计，明确了需要通过 Java 的集合类来实现商品管理功能。

Java 的集合类是 java.util 包中的重要内容，允许以各种方式将元素分组，并定义了各种使这些元素更容易操作的方法。本模块共有 3 个任务，希望通过任务学习，让学习者了解集合类数据结构的含义，熟悉集合类的框架结构，掌握常用集合类的应用。集合类的方法很多，学习者应能够通过查找帮助文档等资料进行集合类的应用，培养学习者主动探究新知的意识，提升自学能力；培养学生面向对象编程思想和抽象思维；培养学生能抓住事情本质，运用以不变应万变的方式处理问题。本模块任务知识点如下：

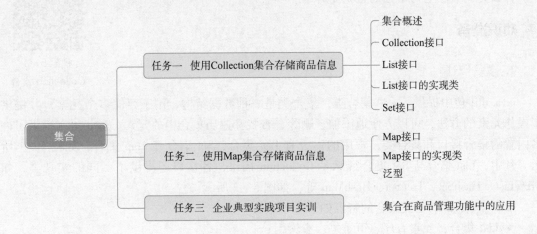

任务一　使用 Collection 集合存储商品信息

教学目标

1. 素养目标

（1）培养学生主动探究的学习意识；

（2）培养学生良好的编码习惯和沟通协调能力；

（3）培养抽象思维。

2. 知识目标

（1）了解集合的概念；

（2）熟悉集合的继承结构；

（3）掌握常用 Collection 集合类的方法。

3. 能力目标

（1）能阐述集合类型；

（2）能阐述 List、Set 集合的不同；

（3）能应用 Collection 集合类编程，对集合进行元素的增、删、改、查等操作。

任务导入

通过编程，选用合适的 Collection 集合存储商品信息，并实现对商品信息的查找、插入、修改、删除等操作。

（1）定义商品信息类；

（2）定义商品信息处理类，对商品信息进行存储、插入、查找、删除等操作；

（3）定义测试类，调用商品信息处理类，执行商品信息处理操作。

【想一想】

什么是集合？它与数组的区别是什么？

知识准备

视频 5 – 1
Collection 集合

1. 集合概述

java. util 包中提供了一些集合类，集合类是一种数据结构，用于存储多个元素，并提供了操作元素的方法，可以方便地添加、删除、查找和遍历集合中的元素。Java 语言提供了许多内置的集合接口和集合类，常用的集合有 List 集合、Set 集合和 Map 集合，如图 5 – 1 所示。其中，List 集合与 Set 集合继承了 Collection 接口，各接口还提供了不同的实现类，如 ArrayList、HashSet、TreeSet、HashMap 等，如图 5 – 2 所示。

List、Set、Map 三类集合的特点如下。

● List 集合：元素有序、可重复、有索引；

● Set 集合：元素无序、不重复、无索引；

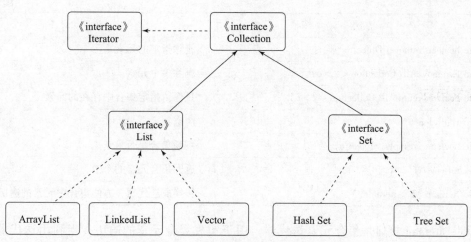

图 5 – 1　Collection 接口及部分常用集合类

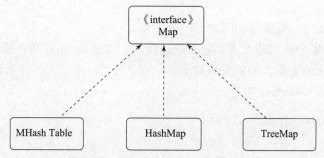

图 5 – 2　Map 接口及部分常用实现类

- Map 集合：元素为 key – value（键 – 值）对，可根据元素的 key 来访问 value。

特别说明：集合类又被称为容器，数组也是一种容器。数组与集合类的不同之处是：数组的元素类型确定，长度固定，可以存储基本类型和引用类型的数据，适合数据元素类型和数量确定的场景；而集合的元素类型可以不固定，长度是可变的，只能存储引用数据类型的数据，适合数据元素数量不确定，并且需要频繁增删改查元素的场景。

2. Collection 接口

Collection 是单列集合框架的顶层接口，定义了操作集合的方法，见表 5 – 1。所有实现 Collection 接口的集合类都需要实现这些方法。

表 5 – 1　Collection 接口常用方法

方法	说明
public boolean add(E e)	在集合末尾添加单个元素
public void addAll(Collection < ? > c)	在集合末尾添加多个元素
public boolean contains(E element)	判断集合是否包含指定的元素
public void containsAll(Collection < ? > c)	判断集合是否包含指定的多个元素

方法	说明
public boolean remove(Object o)	删除指定的元素
public E removeAll(Collection < ? > c)	删除多个元素
public boolean retainAll(Collection < ? > c)	只保留指定集合中存在的元素
public void clear( )	清空集合
public boolean isEmpty(Object o)	判断集合是否为空
public int size( )	返回集合元素的个数
public Iterator < E > iterator( )	转换成迭代器，方便集合中元素的遍历

说明：Iterator 接口是集合元素迭代器，用于实现集合元素的遍历，当利用迭代器遍历集合元素时，需要先创建一个迭代器对象。Iterator 接口遍历元素主要有两个方法：

● public boolean hasNext( )：判断是否存在下一个可访问的元素，如果仍有元素可以访问，则返回 true。

● public E next( )：返回要访问的下一个元素。

遍历 Collection 集合有三种方式：iterator 迭代器、增强 for 循环和普通 for 循环。增强 for 循环是目前比较常用的方式，举例说明如下。

【例 5 - 1】 遍历 Collection 集合。

```java
import java.util.ArrayList;
import java.util.Collection;
import java.util.Iterator;
public class CollectionDemo{
    public static void main(String[]args){
        Collection colle = new ArrayList();
        colle.add(123);
        colle.add(456.89);
        colle.add(678);
        colle.add("aa");
        //方式一:使用 iterator 迭代器遍历集合
        Iterator iterator = colle.iterator();
        while(iterator.hasNext()){
            System.out.print(iterator.next() + "  ");
        }
        System.out.println();

        //方式二:使用增强 for 循环遍历集合
        for(Object obj:colle){
```

```
            System.out.print(obj +"  ");
        }
        System.out.println();

        //方式三:使用普通 for 循环遍历集合
        for(int i =0;i < colle.size();i ++){
            System.out.print((((ArrayList)colle).get(i)) +"  ");
        }
    }
}
```

程序运行结果如图 5 - 3 所示。

123	456.89	678	aa
123	456.89	678	aa
123	456.89	678	aa

3. List 接口

图 5 - 3　运行结果

java.util.List 接口继承自 Collection 接口,是单列
集合的一个重要分支。一般将实现了 List 接口的对象称为 List 集合。在 List 集合中允许出现
重复的元素,所有的元素是以一种线性方式进行存储的,在程序中可以通过索引来访问集合
中的指定元素。另外,List 集合还有一个特点就是元素有序,即元素的存入顺序和取出顺序
一致。List 作为 Collection 集合的子接口,不但继承了 Collection 接口中的全部方法,而且增
加了一些根据元素索引来操作集合的特有方法,见表 5 - 2。

表 5 - 2　List 接口常用方法

方法	说明
public void add(int index,E element)	在集合的指定位置插入元素
public void addAll(int index,Collection < ? > c)	将指定集合的所有元素插入集合的指定位置
public E set(int index,E element)	修改指定位置的元素
public E remove(int index)	删除指定索引处的元素
public E get(int index)	返回指定位置的元素
public int indexOf(Object o)	返回列表中首次出现指定元素的索引,如果列表不包含该元素,则返回 - 1
public int lastIndexOf(Object o)	返回列表中最后一次出现指定元素的索引,如果列表不包含该元素,则返回 -1
public ListIterator < E > listIterator()	返回一个列表迭代器,它允许在遍历列表时添加、修改和删除集合元素
public ListIterator < E > listIterator(int index)	返回一个从指定位置开始的列表迭代器
public subList(int fromIndex,int toIndex)	返回列表中指定范围的视图(从 fromIndex 到 toIndex,不包括 toIndex)

4. List 接口的实现类

List 集合常用的实现类有三个：ArrayList、LinkedList、Vector，它们的区别如下。

（1）基本情况不同

三个类都实现了 List 接口，都是有序集合，数据是允许重复的，都是可以动态修改的，但是操作集合的方法略有不同；ArrayList 和 Vector 都是基于数组实现存储的，集合中的元素的位置都是有顺序即连续的；LinkedList 是基于双向链表实现存储的，集合中元素的位置是不连续的。

（2）性能不同

ArrayList 的元素查询操作非常高效，但是对于元素的插入、删除操作，效率却非常低，这是因为需要移动大量元素；Vector 和 ArrayList 底层实现原理一致，但是 Vector 是线程安全的，因此性能比 ArrayList 差很多；LinkedList 相比于集合 Vector 和 ArrayList，在插入、修改、删除等操作上速度较快，但是随机访问的性能较差。

（3）安全性不同

由于 Vector 使用了 synchronized 同步锁，是线程安全的，而 ArrayList 和 LinkedList 都是线程不安全的。因此，当多线程访问时，最好使用 Vector，以保证数据安全。

（4）原理不同

ArrayList 与 Vector 都有初始的容量大小，当存储的元素个数超过容量时，就需要增加存储空间，Vector 默认增长为原来的 2 倍，而 ArrayList 增长为原来的 1.5 倍；ArrayList 与 Vector 都可以设置初始空间大小，Vector 还可以设置增长的空间大小，而 ArrayList 没有提供设置增长空间的方法。

【例5-2】 ArrayList 常用方法示例。

```
import java.util.ArrayList;
import java.util.List;
public class ArrayListDemo{
    public static void main(String[]args){
        List<String>arrlist=new ArrayList<>();
        arrlist.add("现在,青春是用来奋斗的;将来,青春是用来回忆的。");
        arrlist.add("青年有着大好机遇,关键是要迈稳步子、夯实根基、久久为功。");
        arrlist.add("好儿女志在四方,有志者奋斗无悔。");
        arrlist.add("守正创新是中国特色社会主义新时代的鲜明气象。");
        arrlist.add("守正创新是习近平新时代中国特色社会主义思想的显著标识。");
        arrlist.add("时代是出卷人,我们是答卷人,人民是阅卷人。");

        System.out.println("ArrayList 元素个数:"+arrlist.size());

        String str="自信人生二百年,会当水击三千里。";
```

```
        int index = arrlist. indexOf(str);
        if(index!= -1){
            arrlist. set(index,"毛泽东:自信人生二百年,会当水击三千里。");
        }else{
            arrlist. add(0,str);
        }

        for(Object obj:arrlist){
            System. out. println(obj. toString());
        }
    }
}
```

程序运行结果如图 5 – 4 所示。

```
ArrayList元素个数: 6
自信人生二百年，会当水击三千里。
现在，青春是用来奋斗的；将来，青春是用来回忆的。
青年有着大好机遇，关键是要迈稳步子、夯实根基、久久为功。
好儿女志在四方，有志者奋斗无悔。
守正创新是中国特色社会主义新时代的鲜明气象。
守正创新是习近平新时代中国特色社会主义思想的显著标识。
时代是出卷人，我们是答卷人，人民是阅卷人。
```

图 5 – 4　运行结果

5. Set 接口

java. util. Set 接口和 java. util. List 接口一样，同样继承自 Collection 接口，它与 Collection 接口中的方法基本一致，并没有对 Collection 接口进行功能上的扩充，只是比 Collection 接口更加严格。与 List 接口不同的是，Set 接口中元素无序，不可以重复。

Set 接口主要有两个实现类：HashSet 和 TreeSet，二者的区别如下。

①基本情况不同：HashSet 集合的元素是无序且唯一的，TreeSet 集合的元素是有序且唯一的。

②数据结构不同：HashSet 内部使用哈希表实现，可以快速地插入、删除和查找元素，而 TreeSet 则使用红黑树实现，可以对元素进行自然排序或者使用自定义比较器进行排序。

③性能表现不同：由于哈希表比红黑树具有更快的操作时间复杂度，对于插入、删除、查找等操作，HashSet 的性能要优于 TreeSet。

④对象的比较方式不同：HashSet 使用哈希表实现元素唯一性的判断，需要依赖元素的 hashCode() 和 equals() 方法，而 TreeSet 依赖于元素的比较器（Comparator）或者自然排序规则来判断元素的唯一性。

因此，当需要快速插入、删除、查找元素并且不关心元素顺序时，使用 HashSet 集合；而需要对元素进行排序或者遍历时，使用 TreeSet 集合更合适。

【例 5 - 3】 HashSet 和 TreeSet 常用方法示例。

```java
import java.util.HashSet;
import java.util.Set;
import java.util.TreeSet;
public class SetDemo{
    public static void main(String[]args){
        Set < String > hSet = new HashSet < > ();
        hSet.add("老子:《道德经》");
        hSet.add("孔子:《论语》");
        hSet.add("曾子:《大学》");
        hSet.add("孟子:《孟子》");
        if(! hSet.contains("庄子:《逍遥游》")){
            hSet.add("庄子:《逍遥游》");
        }else{
            hSet.remove("庄子:《逍遥游》");
        }
        System.out.println("HashSet 集合元素的个数:" + hSet.size());
        for(Object obj:hSet){
            System.out.print(obj.toString() + "   ");
        }
        System.out.println();

        Set tSet = new TreeSet();
        tSet.add("老子:《道德经》");
        tSet.add("孔子:《论语》");
        tSet.add("曾子:《大学》");
        tSet.add("孟子:《孟子》");
        if(! tSet.contains("庄子:《逍遥游》")){
            tSet.add("庄子:《逍遥游》");
        }else{
            tSet.remove("庄子:《逍遥游》");
        }
        System.out.println("TreeSet 集合元素的个数:" + tSet.size());
        for(Object obj:tSet){
            System.out.print(obj.toString() + "   ");
        }
    }
}
```

程序运行结果如图 5-5 所示。

```
HashSet集合元素的个数：5
老子：《道德经》      孔子：《论语》      曾子：《大学》      孟子：《孟子》      庄子：《逍遥游》
TreeSet集合元素的个数：5
孔子：《论语》      孟子：《孟子》      庄子：《逍遥游》      曾子：《大学》      老子：《道德经》
```

图 5-5　运行结果

任务实施

任务分析

1. 明确集合类型；

2. 定义商品信息类，属性有商品名称、商品编号、商品总数；

3. 定义商品信息处理类，对商品信息进行存储、插入、查找、删除等操作；

4. 定义测试类，调用商品信息处理类，执行商品信息处理操作。

任务实现

请扫描二维码下载任务工单、本任务的程序代码。

任务工单 5-1

任务一的程序代码

程序运行结果如图 5-6 所示。

```
YDX-002 李宁运动鞋    5
商品品牌数量：3
商品数量：35
商品品牌数量：3
商品数量：42
商品品牌数量：3
商品数量：40
```

图 5-6　运行结果

任务评价

请扫描二维码查看任务评价标准。

任务评价 5-1

任务二 使用 Map 集合存储商品信息

教学目标

1. 素养目标

（1）培养学生面向对象编程思想和抽象思维；

（2）培养学生主动探究的学习意识；

（3）培养学生处理问题时抓住事情本质，以不变应万变。

2. 知识目标

（1）了解 Map 集合的概念；

（2）熟悉 Map 的常用实现类；

（3）掌握常用 Map 集合类的方法。

3. 能力目标

（1）能阐述 Map 集合与 Collection 集合的区别；

（2）能阐述 HashMap、HashTable、TreeMap 的区别；

（3）能应用 Map 集合类编程，对集合进行元素的增、删、改、查等操作。

任务导入

通过编程，选用合适的 Map 集合存储商品信息，并实现对商品信息的查找、插入、修改、删除等操作。

（1）定义商品信息类；

（2）定义商品信息处理类，对商品信息进行查找、插入、修改、删除等操作；

（3）定义测试类，调用商品信息处理类，执行商品信息处理操作。

【想一想】

什么是 Map 集合？它与 Collection 集合的区别是什么？

知识准备

1. Map 接口

视频 5 - 2
Map 集合

Map 集合是一种经常用于存储键值对的数据结构，Map 集合中的每个元素都是 < key，value > 键值对形式，键和值可以是任意类型，但是键必须是唯一的，而值可以重复，根据键获取对应的值。

Map 是双列集合框架的顶层接口，定义了操作集合的方法，见表 5 - 3，所有实现 Map 接口的集合类都需要实现这些方法。

表 5 - 3　Map 接口常用方法

方法	说明
public void put(K key, V value)	添加元素
public void putAll(Map m)	将指定集合的所有元素批量添加到 Map 中
public V putIfAbsent(K key, V value)	先判断指定的键是否存在，若不存在，则将键值对插入 Map 中
public get(Object key)	获取指定 key 对应的 value
public Set < K > keySet( )	返回一个包含所有 key 的 Set 集合
public boolean containsKey(Object key)	判断 Map 中是否包含指定的键
public boolean containsValue(Object value)	判断 Map 中是否包含指定的值
public Collection < V > values( )	返回一个包含所有值的 Collection 集合
public void clear( )	删除所有元素
public boolean isEmpty( )	判断 Map 是否为空
public Object remove(Object key)	删除指定键的元素，返回键所对应的值
public boolean remove(Object key, Object value)	删除 Map 中指定键 key 的映射关系
public int size( )	返回 Map 集合中元素的数量

2. Map 接口的实现类

Map 集合常用的实现类有三个：HashMap、HashTable、TreeMap，它们的区别如下。

①安全性方面的不同：HashTable 和 TreeMap 的 key、value 都不能为 null，它们是安全的线程；HashMap 的 key、value 可以为 null，不过只能有一个 key 为 null，但可以有多个 value 为 null，HashMap 是不安全的线程。

②排序方面的不同：Hashtable、HashMap 具有无序特性；TreeMap 是利用红黑树实现的，实现了 SortMap 接口，能够对保存的记录根据键进行排序。在需要排序的情况下首选 TreeMap，默认按键的升序排序，也可以通过 Comparator 接口实现排序方式。

遍历 Map 集合的四种方式如下。

①for 循环 + EntrySet：这种方法使用 for…each 循环，首先通过 entrySet( ) 方法获取到一个 Set 集合，这个集合中的每一个元素就是 Map 中的一个键值对。然后通过循环遍历这个 Set 集合，依次取出每个元素的键和值。这种遍历方式，代码简洁明了，并且能同时获取 Map 的键和值，是适用性最强的遍历方式。

②Iterator + EntrySet：Entry 是 Map 接口的内部接口，获取迭代器，循环依次取出每个迭代器里面的 Entry，再通过 Entry 取出每个元素的键值对。该种方法在性能方面与第一种方法基本相同。另外，如果在遍历过程中，有删除某些键值对的需求，需要使用这种遍历方式。

③for 循环 + KeySet：通过 keySet( ) 方法获取 Map 的所有 key 的 Set 集合。然后通过遍历这个 Set 来遍历 Map 的 key，如果想要同时遍历到 Map 的 value，则需要进一步通过 key 从 Map 这个集合中获取对应的 value。这种遍历方式效率低。

④Iterator + KeySet：与第③种方法类似，只是将循环遍历换成了迭代器。这种遍历方式

效率也不高。

遍历 Map 集合的方式举例说明如下。

【例 5 - 4】遍历 Map 集合。

```java
import java.util.HashMap;
import java.util.Iterator;
import java.util.Map;
import java.util.Map.Entry;
public class MapDemo{
    public static void main(String[]args){
        Map<String,String>map = new HashMap<String,String>();
        map.put("1","《沁园春·雪》");
        map.put("2","《卜算子·咏梅》");
        map.put("3","《虞美人·枕上》");
        map.put("4","《念奴娇·井冈山》");

        //for 循环 + EntrySet
        System.out.println("for 循环 + Entryset 遍历方式:");
        for(Entry<String,String>entry:map.entrySet()){
            System.out.print(entry.getKey() + ":");
            System.out.println(entry.getValue());
        }

        //Iterator + EntrySet
        System.out.println("Iterator + Entryset 遍历方式:");
        Iterator<Map.Entry<String,String>>iterator = map.entrySet().iterator();
        while(iterator.hasNext()){
            Map.Entry<String,String>entry = iterator.next();
            System.out.print(entry.getKey() + ":");
            System.out.println(entry.getValue());
        }

        //for 循环 + KeySet
        System.out.println("for 循环 + KeySet 遍历方式:");
        for(String key:map.keySet()){
            System.out.print(key + ":");
            System.out.println(map.get(key);
        }
```

```
//Iterator + KeySet
System.out.println("Iterator +
Keyset 遍历方式:");
    Iterator < String > iterator2 =
map.keySet().iterator();
        while(iterator2.hasNext()){
            String key = iterator2.next();
            System.out.print(key + ":");
            System.out.println(map.get
(key();
        }
    }
}
```

程序运行结果如图 5-7 所示。

【例 5-5】HashMap 常用方法示例。

```java
import java.util.HashMap;
import java.util.Map;
import java.util.Map.Entry;

public class HashMapDemo{
    public static void main(String[]args){
        Map < String,Object >map = new HashMap < String,Object >();
        map.put("name","辛弃疾");
        map.put("pseudonym","稼轩");
        map.put("masterpiece","《永遇乐·京口北固亭怀古》");
        map.put("age",68);
        map.put("content",null);

        map.putIfAbsent("nativePlace","山东省济南市历城区");
        map.remove("content");
        System.out.println("map 元素数量:" + map.size());

        if(! map.isEmpty()){
            for(Entry < String,Object >entry:map.entrySet()){
                System.out.print(entry.getKey() + ":");
                System.out.println(entry.getValue());
            }
```

图 5-7　运行结果

```
for循环 + Entryset遍历方式:
1: 《沁园春·雪》
2: 《卜算子·咏梅》
3: 《虞美人·枕上》
4: 《念奴娇·井冈山》
Iterator + Entryset遍历方式:
1: 《沁园春·雪》
2: 《卜算子·咏梅》
3: 《虞美人·枕上》
4: 《念奴娇·井冈山》
for循环 + KeySet 遍历方式:
1: 《沁园春·雪》
2: 《卜算子·咏梅》
3: 《虞美人·枕上》
4: 《念奴娇·井冈山》
Iterator + Keyset遍历方式:
1: 《沁园春·雪》
2: 《卜算子·咏梅》
3: 《虞美人·枕上》
4: 《念奴娇·井冈山》
```

```
            }
        }
    }
```

程序运行结果如图 5-8 所示。

3. 泛型

泛型可以理解为"广泛的类型""非特
定的类型"，泛型是"代码模板"。泛型是
JDK5 中引入的新特性，它的本质其实是类

```
map元素数量: 5
name: 辛弃疾
nativePlace: 山东省济南市历城区
pseudonym: 稼轩
age: 68
masterpiece: 《永遇乐·京口北固亭怀古》
```

图 5-8   运行结果

型参数化，利用泛型可以实现一套代码对多种数据类型的动态处理，保证了更好的代码重用
性。泛型还提供了编译时类型安全检测机制，该机制允许程序员在编译时检测非法的类型，
使所有的强制转换都是自动隐式实现的，提高代码的安全性。

基于泛型的这些特性和作用，泛型通常被广泛应用于以下场景。

- 泛型集合：在集合中使用泛型，保证集合中元素的类型安全。
- 泛型类：在类的定义时使用泛型，为某些变量和方法定义通用的类型。
- 泛型接口：在接口定义时使用泛型，为某些常量和方法定义通用的类型。
- 泛型方法：在方法中使用泛型，保证方法中参数的类型安全。
- 泛型加反射：泛型结合反射技术，实现在运行时获取传入的实际参数等功能。

泛型的格式：类名 < 字母列表 >，常见的泛型字母见表 5-4。

表 5-4   常见的泛型字母

泛型字母	说明
T	Type 表示类型
K V	分别表示键值对中的 key value
E	代表 Element
?	表示不确定的类型

使用泛型时的注意事项：

- 在定义一个泛型类时，在" < > "之间定义形式类型参数，如"class TestGen < K , V > "，
其中，"K""V"不代表值，而是表示类型。
- 实例化泛型对象时，一定要在类名后面指定类型参数的值（类型）。
- 使用泛型时，泛型类型必须为引用数据类型，不能为基本数据类型。
- Java 中的普通方法、构造方法、静态方法中都可以使用泛型。方法使用泛型之前，
必须先对泛型进行声明，可以使用任意字母，一般都要大写。
- 不可以定义泛型数组。
- 在 static 方法中不可以使用泛型，泛型变量也不可以用 static 关键字来修饰。
- 以同一个泛型类衍生出来的多个类之间没有任何关系，不可以互相赋值。
- 泛型只在编译器中有效。
- instanceof 不允许存在泛型参数。

（1）泛型集合

泛型最常见的一个用途，就是在集合中对数据元素的类型进行限定。集合被设计成能保存任何类型的对象，这就要求集合具有很好的通用性，内部可以装载各种类型的数据元素。集合之所以可以实现这一功能，主要是集合的源码中已经结合泛型做了相关的设计。

可以给 List、Set、Map 等集合设置泛型，从而限定集合中数据元素的类型。

```
//通过泛型,限定 ArrayList 集合的元素是 String 类型
List < String > arrlist = new ArrayList < > ();
//通过泛型,限定 Set 集合的元素是 String 类型
Set < String > hSet = new HashSet < > ();
//通过泛型,限定 Map 集合元素的 key 是 String 类型,value 是 Long 类型
Map < String,Long > map = new HashMap < > ();
```

（2）泛型类

定义泛型类时，参数不能是简单类型，只能是类类型。定义泛型的格式为：

```
class 类名称 < 泛型标识:可以随便写任意标识号,标识指定的泛型的类型 > {
    private 泛型标识 var;
    ...
}
```

【例 5 - 6】泛型类的应用。

```
public class Generic < T > {
    private T key;
    public Generic( T key) {
        this. key = key;
    }
    public T getKey() {
        return key;
    }
}
```

程序中成员变量 key 的类型为 T，泛型构造方法形参 key 的类型也为 T，还有泛型方法 getKey 的返回值类型也为 T，T 的类型由外部指定。应用类 Generic 创建对象的方式如下：

```
public class GenericTest {
    public static void main( String[ ]args) {
        String key = "001";
        Generic < String > generic = new Generic < String > ( key);
        System. out. println( generic. getKey());
    }
}
```

创建对象时，需要使用语句 Generic < String > generic = new Generic < String > (key)，指明 T 使用哪种类型。

（3）泛型接口

泛型接口的定义及使用与泛型类的定义及使用基本相同。泛型接口常被用在各种类的生产器中，定义泛型接口的格式如下：

```
public interface Generator < T > {
    public T next();
}
```

实现泛型接口的类分为两种情况。

第一种情况是没有传入泛型实参，在声明类的时候，需将泛型的声明也一起加到类中，即 class FruitGenerator < T > implements Generator < T >。如果不声明泛型，如 class FruitGenerator implements Generator < T >，编译器会报错："Unknown class"。实现方式如下：

```
public class FruitGenerator < T > implements Generator < T > {
    @ Override
    public T next() {  return null;}
}
```

第二种情况是当实现泛型接口的类传入泛型实参时，定义一个生产器实现这个接口，虽然只创建了一个泛型接口 Generator < T >，但是可以为 T 传入无数个实参，形成无数种类型的 Generator 接口。在类实现泛型接口时，如已将泛型类型传入实参类型，则所有使用泛型的地方都要替换成传入的实参类型，即 Generator < T >，public T next()；中的 T 都要替换成传入的 String 类型。实现方式如下：

```
public class FruitGenerator implements Generator < String > {
    private String[]fruits = new String[]{"Apple","Banana","Pear"};
    @ Override
    public String next() {
        Random rand = new Random();
        return fruits[rand. nextInt(3)];
    }
}
```

（4）泛型方法

泛型类是在实例化类的时候指明泛型的具体类型，相对泛型类而言，泛型方法是在调用方法的时候指明泛型的具体类型。声明泛型方法语句如下：

```
public < T > T genericMethod(Class < T > tClass) {
T instance = tClass. newInstance();
return instance;
}
```

其中，tClass 是传入的泛型实参，genericMethod 方法的返回值也为 T 类型，public 与返

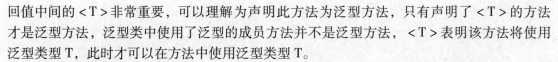

回值中间的 <T> 非常重要，可以理解为声明此方法为泛型方法，只有声明了 <T> 的方法才是泛型方法，泛型类中使用了泛型的成员方法并不是泛型方法，<T> 表明该方法将使用泛型类型 T，此时才可以在方法中使用泛型类型 T。

【例 5-7】泛型方法的应用。

```java
public class GenericFruit{
    public static void main(String[]args){
        Apple apple = new Apple();
        Person person = new Person();
        GenerateTest < Fruit > generateTest = new GenerateTest < Fruit >
();
        //apple 是 Fruit 的子类,所以这里可以调用方法传参
        generateTest. show_1(apple);
        /* 编译器会报错,因为泛型类型实参指定的是 Fruit,而传入的实参类是
Person*/
        //generateTest. show_1(person);
        //使用这两个方法都可以成功
        generateTest. show_2(apple);
        generateTest. show_2(person);
        //使用这两个方法也都可以成功
        generateTest. show_3(apple);
        generateTest. show_3(person);
    }
}

class Fruit{
    public String toString(){
        return "fruit";
    }
}

class Apple extends Fruit{
    public String toString(){
        return "apple";
    }
}

class Person{
    public String toString(){
        return "Person";
```

```
    }
}

class GenerateTest < T > {
    public void show_1(T t){
        System. out. println(t.toString());
    }
    public < T > void show_2(T t){
        System. out. println(t.toString());
    }
    public < E > void show_3(E t){
        System. out. println(t.toString());
    }
}
```

程序运行结果如图 5-9 所示。

在上面的例子中，应用了泛型方法，在泛型类 GenerateTest 中声明了三个泛型方法，下面对这三个方法进行说明。

方法 show_1 中的参数类型 T 要与类 GenerateTest 的 T 一致，如果编写语句 generateTest. show_1(person)，编译器会报错，因为泛型类型实参指定的是 Fruit，而传入的实参类是 Person。

```
apple
apple
Person
apple
Person
```

图 5-9 运行结果

方法 show_2，使用泛型 T，这个 T 是一种全新的类型，可以与泛型类中声明的 T 不是同一种类型。

方法 show_3，使用泛型 E，这种泛型 E 可以为任意类型。类型可以与 T 相同，也可以不同。由于泛型方法在声明的时候会声明泛型 < E >，因此，即使在泛型类中并未声明泛型，编译器也能够正确识别泛型方法中的泛型。

任务实施

任务分析

1. 明确集合类型；
2. 定义商品信息类，属性有商品名称、商品编号、商品总数；
3. 定义商品信息处理类，对商品信息进行插入、查找、修改、删除等操作；
4. 定义测试类，调用商品信息处理类，执行商品信息按类别分组管理。

任务实现

请扫描二维码下载任务工单、本任务的程序代码。

任务工单 5-2

任务二的程序代码

程序运行结果如图 5-10 所示。

```
鞋子：YDX-001    安踏运动鞋   10, YDX-002  李宁运动鞋   5, YDX-003   361度运动鞋  20
食物：SW-001     好吃点饼干   10, SW-002   青食饼干    10
```

图 5-10　运行结果

任务评价

请扫描二维码查看任务评价标准。

任务评价 5-2

任务三　企业典型实践项目实训

视频 5-3

实训　集合在商品
管理功能中的应用

实训　集合在商品管理功能中的应用

1. 需求描述

超市管理系统需要对商品进行管理，并能够实现商品按类别添加、查找等常见操作。超市管理系统能描述商品的编号、名称，能显示某特定商品的相关信息，能描述商品的类别，显示该类别的所有商品信息以及为该类别添加一个商品。能根据商品名称查找商品，将某个商品或某些商品添加到它所隶属的类别里，能显示该系统中所有的商品类别及该类别中的所有商品信息。

2. 实训要点

掌握 ArryList 集合的应用场景、集合元素的操作方法，String 与 StringBuffer 的区别，Static 属性的使用。

3. 实现思路及步骤

①定义商品信息类 Goods，记录商品信息。
②定义商品类别类 GoodGroup，记录商品的类别。
③定义商品管理类 GoodsManage，用于查找商品、增加商品、显示商品信息。
④定义商品管理测试类，这个是系统的主入口程序，调用商品管理功能。

4. 编程实现

请扫描二维码下载任务工单、本任务的程序代码。

任务工单 5-3

任务三的程序代码

程序运行结果如图 5-11 所示。

【试一试】

请动手测试一下其他几种登录失败的系统提示功能。

商品类型：鞋子，共3款商品，分别是：
YDX-001 安踏运动鞋 10，YDX-002 李宁运动鞋 5，YDX-003 361度运动鞋 20
商品类型：食物 ，共2款商品，分别是：
SW-001 好吃点饼干 10，SW-002 青食饼干 10

图 5-11 运行结果

实训评价

请扫描二维码查看任务评价标准。

任务评价 5-3

知识拓展

"朝三暮四" 背后的哲学道理

集合和泛型是"1＋X"职业技能等级中的重要职业技能要求，"1＋X" JavaWeb 应用开发职业技能等级要求"能够理解和掌握 Java 的集合框架，如 List、Set、Map"，大数据应用开发（Java）职业技能等级要求"能运用泛型机制编写更加灵活的 Java 程序"。在实际企业项目中，其被广泛应用于不同类型数据的存储及增、删、改、查操作。泛型是代码模板，集合应用泛型可以存放不同类型的对象引用，这就好比"以不变应万变"。早在战国时期，思想家、哲学家、文学家庄子就在他的著作《齐物论》中讲过一个以不变应万变的故事。

宋国有一个养猴子的人，他很喜欢猴子，养了一大群猴子，他能理解猴子们的心意，猴子们也能够了解养猴人的心思。养猴人减少全家的口粮，来满足猴子们的欲望。然而过了不久，家里缺乏食物了，他想要限制猴子们吃橡栗的数量，但又怕猴子们不服从自己，就先瞒哄猴子们："给你们橡栗，早上三颗，晚上四颗，够吗？"猴子们一听，都站了起来，十分恼怒。过了一会儿，他又说："给你们橡栗，早上四颗，晚上三颗，够吗？"猴子们听后都服服帖帖了。这个故事也是成语"朝三暮四"的由来，后来"朝三暮四"用来比喻变化无常的行为。其实，猴子得到橡栗的方式与时间虽然变了，但橡栗的总数却没有变。在任何事物的运动变化中，总有相对不变的，这些变化中不变的部分，往往是最重要的。人们在处理一些变化复杂、难以驾驭的问题时，如能抓住变化中不变的部分，"以不变应万变"，往往能收到意想不到的效果。庄子所讲的这个故事中的养猴人就是抓住了"总数不变"这一要素，"以不变应万变"，迅速平息了猴群的反抗，又没有增加任何开支。

Java 作为一门面向对象编程语言，其面向对象思想的本质就是运用现实世界人们思考问题解决问题的方式。上述故事中所讲的道理，就是集合和泛型解决问题的方式。

模块训练

一、选择题

1. 以下对集合的描述，错误的是（   ）。

A. 集合类是一种数据结构

B. 集合类又被称为容器

C. 集合的元素类型可以不固定，集合的长度是可变的

D. 集合可以存储任意数据类型的数据

2. 以下不是 List 接口的常用实现类的是（　　）。

A. ArrayList　　　　B. LinkedList　　　　C. HashSet　　　　D. Vector

3. 以下不是 Map 接口的常用集合类的是（　　）

A. HashSet　　　　B. HashMap　　　　C. HashTable　　　　D. TreeMap

4. 以下关于 List 集合的描述，错误的是（　　）。

A. ArrayList 和 Vector 集合中元素的位置都是有顺序即连续的，而 LinkedList 集合中元素的位置是不连续的

B. ArrayList、LinkedList、Vector 都是有序集合，数据允许重复且可以动态修改

C. ArrayList 集合查询元素的操作非常高效，LinkedList 集合插入、修改、删除元素的操作速度较快

D. ArrayList、Vector 和 LinkedList 都是线程不安全的

5. 以下关于 Set 集合的描述，错误的是（　　）。

A. HashSet 集合的元素是无序且唯一的，而 TreeSet 集合的元素是有序且唯一的

B. HashSet 内部使用哈希表实现，而 TreeSet 则使用红黑树实现

C. 当需要对元素进行排序或者遍历时，使用 HashSet 集合更合适

D. HashSet 的性能要优于 TreeSet

6. 以下关于 Map 接口的描述，错误的是（　　）。

A. Map 集合是一种经常用于存储键值对的数据结构

B. Map 集合中的键和值可以是任意类型，但是键必须是唯一的

C. HashMap、HashTable、TreeMap 的 key、value 都不能为 null

D. HashTable、HashMap 具有无序特性，而 TreeSet 默认是升序的

7. 以下关于泛型的描述，错误的是（　　）。

A. 泛型是代码模板

B. 利用泛型可以实现一套代码对多种数据类型的动态处理

C. 泛型提供了编译时类型安全检测机制，提高了代码的安全性

D. 泛型不能应用定义方法

二、简答题

1. 分别列举若干个 List、Set、Map 集合类。

2. 简述泛型的应用场景。

模块六

图形用户界面

模块情境描述

　　软件技术专业大一学生小王经过一段时间的 Java 语言学习，已经能够熟练编写程序，并通过控制台查看程序运行结果，但是这种方式不够形象直观，这样的程序不适合给用户使用。应用软件是需要为用户提供软件系统界面的，这样可以方便用户操作和查看结果。Java 提供了图形用户界面的接口和类，通过图形用户界面编程就可以解决小王遇到的问题。

　　随着计算机技术的不断发展，图形用户界面（GUI）成为现代软件开发的一个重要方面，通过使用 GUI，开发人员可以创建具有可视化界面的应用程序，以提供更好的用户体验。

　　本模块共有 3 个任务，希望通过任务学习，让学习者掌握 Java 图形用户界面、Swing 窗体和对话框的创建，掌握 Swing 常用组件及组件的添加，掌握 Swing 常用面板及其使用，掌握常用布局管理器及其使用，理解并掌握常见事件类型及事件处理方法，能够熟练应用事件处理机制进行图形用户界面开发，养成良好的编码规范和习惯，练就善沟通、能协作、精益求精的专业素质。本模块任务知识点如下：

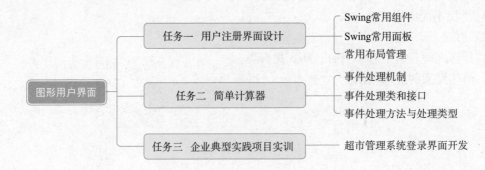

任务一 用户注册界面设计

教学目标

1. 素养目标

（1）理解全局观的重要性，培养大局意识；

（2）培养学生良好的编程规范和习惯；

（3）培养善沟通、能协作、精益求精的专业素质。

2. 知识目标

（1）掌握 Java 图形用户界面的创建；

（2）掌握常用组件及组件的添加；

（3）掌握 Swing 常用面板及其使用；

（4）掌握常用布局管理器及其使用。

3. 能力目标

（1）能完成容器类组件的创建、定义和使用；

（2）GUI 程序中会添加菜单中的组件、工具栏；

（3）会使用 Swing 常用面板；

（4）能使用不同的布局管理器来调整布局。

任务导入

创建一个简单的用户注册界面，运行程序时，将各项填充完整，若各项都正确填充，单击"注册"按钮，则弹出"注册成功"对话框；若没有输入用户名，则弹出"用户名不能为空！"对话框；若两次输入的密码不同，则弹出"两次输入的密码不同，请重新输入！"对话框；单击"清除"按钮，刚才填写的内容将被清空。

【想一想】

1. 用户输入用户名和密码时，可能会出现哪几种情况？

2. 对于用户输入信息出现的各种情况，如何设计提示对话框？

视频 6-1（Swing 容器）

视频 6-2（常用组件）

知识准备

1. Swing 常用组件

Swing 常用组件见表 6-1。

表 6 – 1   Swing 常用组件

组件名称	含义	用法
JLabel	标签	用于显示文字或图形，不能修改
JButton	按钮	单击按钮触发事件，实现用户交互操作
JTextField	单行文本框	只能接收一行文本，可以编辑和修改文字
JPasswordField	密码框	密码组件，单行输入，密码显示"∗"
JTextArea	多行文本框	JTextArea 默认不会自动换行，可以按 Enter 键换行，不会自动产生滚动条
JScrollPane	滚动面板	JScrollPane 会利用下面这些参数来设置滚动策略： （1） HORIZONTAL _ SCROLLBAR _ ALWAYS：显示水平滚动条； （2） HORIZONTAL_SCROLLBAR_AS_NEEDED：当组件内容水平区域大于显示区域时，出现水平滚动条； （3） HORIZONTAL_SCROLLBAR_NEVER：不显示水平滚动条； （4） VERTICAL_SCROLLBAR_ALWAYS：显示垂直滚动条； VERTICAL_SCROLLBAR_AS_NEEDED：当组件内容垂直区域大于显示区域时，出现垂直滚动条； （5） VERTICAL_SCROLLBAR_NEVER：不显示垂直滚动条
JCheckBox	复选框	选择组件，用于实现多项选择的场景
JRadioButton	单选按钮	选择组件，必须与 ButtonGroup 结合起来，实现同一个时间内只有一个能被选中
JList	列表框	选择组件，可以选择一项或多选，JList 的选项方式是整列选取
JComboBox	组合框	又叫选择列表或下拉列表，和 JList 类似，不同的是，组合框还可以编辑
JOptionPane	标准对话框	利用 JOptionPane 提供的静态方法建立标准对话框，这些方法以 showXxxxxDialog 的形式命名。对话框分 4 种类型：确认对话框、输入对话框、消息对话框和选项对话框。 （1） showConfirmDialog，确认对话框，询问问题，要求用户确认（yes/no/cancel）。 （2） showInputDialog，输入对话框，提示用户输入，可以是文本或组合框输入。 （3） showMessageDialog，消息对话框，显示信息，告知用户发生了什么。 （4） showOptionDialog，选项对话框，显示选项，要求用户选择

【例 6 –1】按钮应用及单击事件。

```java
import java. awt. * ;
import javax. swing. * ;
public class JButtonDemo{
    public static void main(String[]args){
```

```
        JFrame f = new JFrame("按钮例子");
        Container contentPane = f. getContentPane();
        JButton bt = new JButton("确定");
        contentPane. add(bt);
    f. setSize(300,200);
    f. setVisible(true);
    f. setDefaultCloseOperation(JFrame. EXIT_ON_CLOSE);
    }
}
```

运行结果如图 6 - 1 所示。

图 6 - 1　按钮

【例 6 - 2】 JCheckBox 的应用及事件响应。

```
import java. awt. * ;
import java. awt. event. * ;
import javax. swing. * ;
import javax. swing. event. * ;
public class JcheckBoxDemo implements ItemListener{
    JFrame f = null;
    JCheckBox c1 = null;
    JCheckBox c2 = null;
    JTextField tf = null;
    JcheckBoxDemo(){
        f = new JFrame("复选框的应用");
        Container contentPane = f. getContentPane();
        contentPane. setLayout(new GridLayout(2,1));
        JPanel p2 = new JPanel();
        p2. setLayout(new GridLayout(2,1));
        p2. setBorder(BorderFactory. createTitledBorder("您喜欢哪种程
序语言,喜欢的请打勾:"));
        c1 = new JCheckBox("Java");
```

```java
        c2 = new JCheckBox("C++");
        c1.addItemListener(this);
        c2.addItemListener(this);
        p2.add(c1);
        p2.add(c2);
        tf = new JTextField(50);
        contentPane.add(p2);
        contentPane.add(tf);
        f.setSize(300,200);
        f.setVisible(true);
        f.setDefaultCloseOperation(JFrame.EXIT_ON_CLOSE);
    }

    public void itemStateChanged(ItemEvent e){
        if(e.getStateChange() == e.SELECTED){
            if(e.getSource() == c1&&c2.isSelected() == false)
            tf.setText(c1.getText());
                else if(e.getSource() == c1&&c2.isSelected() == true)
                tf.setText(c1.getText() + c2.getText());
                else if(e.getSource() == c2&&c1.isSelected() == false)
                tf.setText(c2.getText());
                else if(e.getSource() == c2&&c1.isSelected() == true)
                    tf.setText(c1.getText() + c2.getText());
    }
    else{
    if(e.getSource() == c1&&c2.isSelected() == false)
        tf.setText("");
            else if(e.getSource() == c1&&c2.isSelected() == true)
            tf.setText(c2.getText());
            else if(e.getSource() == c2&&c1.isSelected() == false)
                tf.setText("");
            else if(e.getSource() == c2&&c1.isSelected() == true)
            tf.setText(c1.getText());
        }
    }
    public static void main(String args[]){
        new JcheckBoxDemo();
    }
}
```

运行结果如图6-2所示。

图6-2　复选框的应用

【例6-3】确认对话框。

```
import java. awt. * ;
import java. awt. event. * ;
import javax. swing. * ;
public class JoptionPanepemo extends JFrame implements ActionListener{
    JButton b1;
    public JoptionPanepemo(){
    b1 = new JButton("退出");
    Container con = getContentPane();
    con. add(b1);
    b1. addActionListener(this);
    setTitle("确认对话框实例");
    setSize(250,180);
    setLocation(400,300);
    setDefaultCloseOperation(JFrame. EXIT_ON_CLOSE);
    setVisible(true);
    }

    public void actionPerformed(ActionEvent e){
      if(e. getSource() ==b1){
          int i = JOptionPane. showConfirmDialog(null,"你要退出程序
吗?","退出",JOptionPane. YES_NO_OPTION);
          if(i == JOptionPane. YES_OPTION)
              System. exit(0);//如果选择"是",就退出程序
      }
    }

    public static void main(String[ ]args){
```

```
            JoptionPanepemo f = new JoptionPanepemo();
    }
  }
```

运行结果如图 6-3 所示。

图 6-3　确认对话框的应用

2. Swing 常用面板

JPanel 是最有代表性、最为常用的普通容器，它只是在界面上圈定一个矩形范围而无明显标记，其主要作为中间容器用作内容面板或更好地布局效果。

JPanel 一般不处理事件。JPanel 的常用方法见表 6-2。

视频 6-3
（JPanel 面板）

表 6-2　JPanel 的常用方法

方法	作用
JPanel( )	创建一个 JPanel 对象
JPanel(LayoutManager layout)	创建一个具有指定布局管理器的 JPanel( ) 对象
void setLayout(LayoutManager layout)	设置 JPanel 的布局管理器
Component add(Component comp)	在 JPanel 中添加组件 comp

3. 常用布局管理器

布局管理器用于对窗体中的组件进行布局管理，使界面美观，给用户更好的用户体验。常用的布局管理器有流式布局 FlowLayout、边框布局 BorderLayout、网格布局 GridLayout、卡片布局 CardLayout、网格包布局 GridBagLayout。每个容器都有一个默认的布局管理器与它相关，可以通过调用 setLayout 来改变这个默认管理器。常用布局管理器见表 6-3。

视频 6-4
（常用布局管理器）

表 6-3　常用布局管理器

布局管理器	含义	用法
FlowLayout	流式布局	FlowLayout 是 Panel、Applet 的默认布局管理器。其组件的放置规律是从上到下、从左到右。 FlowLayout 布局中的对齐方式有 3 种：FlowLayout. LEFT（左对齐）、FlowLayout. RIGHT（右对齐）、FlowLayout. CENTER（中央对齐）

布局管理器	含义	用法
BorderLayout	边框布局	BorderLayout 是 Window、Frame 和 Dialog 的默认布局管理器。Border-Layout 布局管理器把容器分成 5 个区域：North、South、East、West 和 Center，每个区域只能放置一个组件
GridLayout	网格布局	GridLayout 是一种网格状的布局，各个组件平均占据容器的空间，在生成 GridLayout 布局管理器对象时，需指明行数和列数，同时也可以指明各个组件之间的间距。当改变容器的大小时，其中的组件相对位置不变而大小改变，各个组件的排列方式为：从上到下、从左到右
CardLayout	卡片布局	CardLayout 布局管理器把容器分成许多层，每层的显示空间占据整个容器的大小，但是每层只允许放置一个组件。为了方便调用不同的卡片组件，可以使用 add( ) 方法为每个卡片的组件命名
GridBagLayout	网格包布局	GridBagLayout 是对 GridLayout 的扩展，GridBagLayout 布局管理器中的单元格大小和显示位置都可以调整，一个组件可以占用一个或多个单元格

【例 6 -4】 FlowLayout 布局的应用。

```java
import java.awt. * ;
    import javax. swing. * ;
    public class FlowLayoutpemo{
        public static void main(String args[]){
        JFrame f = new JFrame();
        //设置窗体容器的布局管理器为流式管理器
        f. setLayout( new FlowLayout());
        JButton button1 = new JButton(" First");
        JButton button2 = new JButton("Second");
        JButton button3 = new JButton("Third");
        f. add(button1);
        f. add(button2);
        f. add(button3);
        f. setTitle("流式布局");
        f. setSize(300,100);
        f. setVisible(true);
        }
    }
```

运行结果如图 6 -4 所示。

说明：当容器的大小发生变化时，用 FlowLayout 管理的组件会发生变化，其变化规律是：组件的大小不变，但是相对位置会发生变化。如图 6 -4 所示，3 个按钮都处于同一行，如果把该窗口变窄，第三个按钮将折到第二行，如图 6 -5 所示。

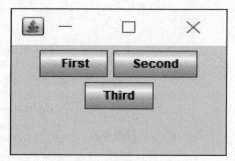

图6-4 流式布局   图6-5 窗体缩放后

【例6-5】BorderLayout 布局的应用。

```java
import java.awt. * ;
import javax.swing. * ;
public class BoraerLayoutpemo{
    public static void main(String args[]) {
        JFrame f = new JFrame("边框布局的应用");
        f.setLayout(new BorderLayout());  //设置窗体容器的布局管理器
        //在不同方位加入不同的按钮
        f.add("North",new JButton("北"));
        f.add("South",new JButton("南"));
        f.add("East",new JButton("东"));
        f.add("West",new JButton("西"));
        f.add("Center",new JButton("中间"));
        f.setTitle("边框布局");
        f.setSize(200,200);
        f.setVisible(true);
    }
}
```

运行结果如图6-6所示。

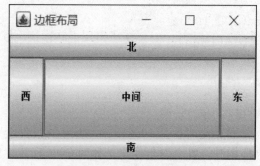

图6-6 边框布局的应用

【例 6 - 6】GridLayout 布局管理器的应用。

```java
import java. awt. * ;
import javax. swing. * ;
public class GriaLayoutDemo{
    public static void main(String args[])  {
        JFrame f = new JFrame("网格布局的应用");
        Container con = f. getContentPane();
        con. setLayout( new GridLayout(3,2));
        f. add( new JButton("按钮1"));        //第一行第一列
        f. add( new JButton("按钮2"));        //第一行第二列
        f. add( new JButton("按钮3"));        //第二行第一列
        f. add( new JButton("按钮4"));        //第二行第二列
        f. add( new JButton("按钮5"));        //第三行第一列
        f. add( new JButton("按钮6"));        //第三行第二列
         f. setDefaultCloseOperation( JFrame. EXIT_ON_CLOSE);/* 关闭窗
口时,终止程序的运行*/
        f. setSize(200,200);
        f. setVisible(true);
    }
}
```

运行结果如图 6 - 7 所示。

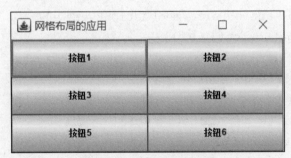

图 6 - 7　网格布局的应用

【例 6 - 7】CardLayout 布局的应用（按下按钮出现不同标签，且仅出现一个）。

```java
import java. awt. * ;
import java. awt. event. * ;
import javax. swing. * ;
public class caraLayoutDemo extends JFrame implements ActionListener{
    JButton b1,b2,b3;
    JPanel p1,p2;
    CardLayout card;
```

```
        caraLayoutDemo(){
            p1 = new JPanel();
            p2 = new JPanel();
            p1.setLayout(new FlowLayout());
            b1 = new JButton("按钮 1");
            p1.add(b1);
            b2 = new JButton("按钮 2");
            b2.addActionListener(this);
            p1.add(b2);
            b3 = new JButton("按钮 3");
            b3.addActionListener(this);
            p1.add(b3);
            card = new CardLayout();
            p2.setLayout(card);
            p2.add(new JLabel("第一个标签"),"page1");
            p2.add(new JLabel("第二个标签"),"page2");
            p2.add(new JLabel("第三个标签"),"page3");
            Container con = getContentPane();
            con.setLayout(new BorderLayout());
            con.add(p1,BorderLayout.NORTH);
            con.add(p2,BorderLayout.SOUTH);
        }
        public void actionPerformed(ActionEvent e){
            if(e.getSource() == b1){
card.first(p2);
            }else if(e.getSource() == b2){
card.next(p2);
            }else if(e.getSource() == b3){
                card.last(p2);
            }
        }
        public static void main(String args[]){
            caraLayoutDemo f = new caraLayoutDemo();
            f.setTitle("CardLayout");
            f.setSize(300,200);
            f.setVisible(true);
            f.setDefaultCloseOperation(JFrame.EXIT_ON_CLOSE);
        }
}
```

运行结果如图 6-8 所示。

图 6-8　卡片布局的应用

任务实施

任务分析

1. 要实现用户注册界面，需要创建一个容器类，以容纳其他组件。本例选择 JFrame 作为顶层容器。

2. 设置布局管理器，根据注册界面的特点，选择网格包布局管理器。

3. 添加相应的组件，用到的组件有标签 JLabel、按钮 JButton、单行文本框 JTextField、密码框 JPasswordField、多行文本框 JTextArea、单选按钮 JRadioButton、复选框 JCheckBox、组合框 JComboBox、列表框 JList 和滚动面板 JScrollPane 等。

4. 编写事件处理代码。当单击"注册"按钮时，会根据不同的情况弹出不同的对话框，通过标准对话框 JOptionPane 实现。

任务实现

请扫描二维码下载任务工单、本任务的程序代码。

任务工单 6-1　　　　　任务一的程序代码

运行结果如图 6-9 所示。

【试一试】

其他情况的用户界面能够正常运行吗？动手测试一下。

图 6-9　运行结果

任务评价

请扫描二维码查看任务评价标准。

任务二 简单计算器

教学目标

1. 素养目标

（1）培养学生的工程思维和数字素养；

（2）培养学生在生活中养成良好的习惯；

（3）培养善沟通、能协作、精益求精的专业素质。

2. 知识目标

（1）了解事件处理的概念；

（2）了解 AWT 事件处理类和接口；

（3）掌握 Java 的事件处理机制。

3. 能力目标

（1）能完成 Java 中窗体和键盘事件的处理；

（2）能完成 Java 中鼠标和动作事件的处理。

任务导入

创建一个包含数字按钮和四则运算符号的计算器界面，并能实现四则运算，如图 6 − 10 所示。

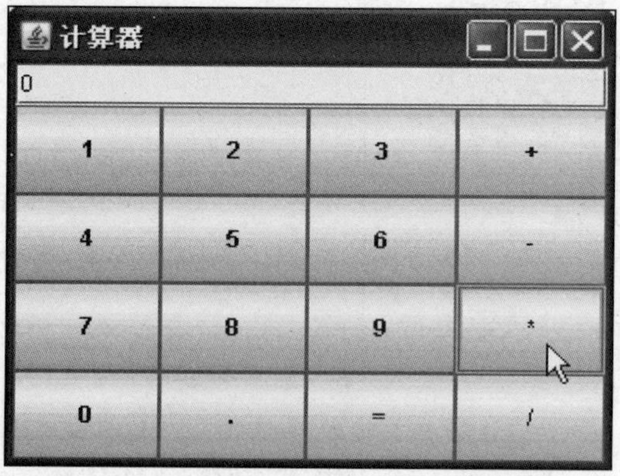

图 6 − 10 运行结果

功能要求：

利用 Java 编程创建简单计算器界面，包含数字按钮和四则运算符号，实现四则运算，并显示运算结果。

【想一想】

如果用户进行加、减、乘、除四则运算以外的运算，应该如何设计？程序应该如何处理？

视频 6 – 5
（事件处理机制和
窗体事件）

⊙ **知识准备**

1. 事件处理机制

在 Swing 常用组件按钮 JButton 示例中，按钮被按下后没有任何反应，那么怎么来响应单击按钮这个事件呢？这时就会用到 Java 的事件处理机制。

Java 的事件处理采用"委派事件模型"或"授权处理模型"。这是指当事件发生时，产生事件的对象会把信息转给"事件监听器"处理的一种方式。

在事件处理的过程中，主要涉及三类对象：

● 事件：代表某个要处理的事件，例如按钮被按下就是一个要处理的事件。用户对界面的操作以类的形式出现，如按钮操作对应的事件类是 ActionEvent，键盘操作对应的事件类是 KeyEvent。

● 事件源：事件发生的场所，通常就是各个组件，例如按钮 Button。

● 事件监听器：接收事件对象并对其进行处理的对象。

使用授权处理模型进行事件处理的一般方法如下：

①对于某种类型的事件 XXXEvent，要想接收并处理这类事件，必须定义相应的事件监听器类，该类需要实现与该事件相对应的接口 XXXListener。

②事件源实例化以后，必须进行授权，注册该类事件的监听器，使用 addXXXListener（XXXListener）方法来注册监听器。

③编写事件处理的代码。

【例 6 – 8】 按钮添加事件。

```java
import java.awt. * ;
import javax.swing. * ;
import java.awt.event. * ;
public class ActionListenerDemo extends JFrame implements ActionListener{
    JButton bt1;
    JLabel lb1;
    public ActionListenerDemo(){
    lb1 = new JLabel("",JLabel.CENTER);
    bt1 = new JButton("确定");
    bt1.addActionListener(this);
    Container con = getContentPane();
    con.setLayout(new BorderLayout());
    con.add(lb1,BorderLayout.SOUTH);
    con.add(bt1,BorderLayout.CENTER);
```

```
    setTitle("事件处理示例");
    setSize(200,200);
    setVisible(true);
//关闭窗口时,终止程序的运行
    setDefaultCloseOperation(JFrame.EXIT_ON_CLOSE);
validate();
    }
    public void actionPerformed(ActionEvent e){
    if(e.getSource()==bt1){
        lb1.setText("你单击了按钮");
    }
    }
    public static void  main(String args[]){
        ActionListenerDemo frm = new ActionListenerDemo();
    }
}
```

运行结果如图 6-11 所示。

2. 事件处理类和接口

上面的例子中使用了事件 ActionEvent 来响应按钮
的单击事件,那么 Java 中还包括哪些事件种类呢?

Java 处理事件响应基本上沿用了 AWT 的事件类和
监听接口。尽管 javax.swing.event 包中包含了专门用于
Swing 组件的事件类和监听接口,但普遍使用的还是
AWT 事件。

图 6-11　按钮单击事件

AWT 事件分为低级事件和语义事件。

（1）常用的语义事件

```
ActionEvent  //单击按钮,选中菜单,双击列表框或在文本框中按 Enter 键
ItemEvent    //选中复选框,选中单选按钮或单击列表框
```

（2）常用的低级事件

```
KeyEvent     //对应一个键被按下或释放
MouseEvent   //对应鼠标被按下、移动、拖动或释放
FocusEvent   //某个组件失去焦点
WindowEvent  //窗口状态被改变
```

3. 事件处理方法与处理类型

（1）窗口事件处理

【例 6-9】采用匿名类实现事件监听及处理。

```java
import java.awt.event.WindowEvent;
import java.awt.event.WindowListener;
import javax.swing.JFrame;
import javax.swing.JLabel;
public class WindowListenerTest{
    JLabel jlb = new JLabel();
    public void init(){
        JFrame jf = new JFrame("窗口事件实例");
        jf.add(jlb);
//添加窗口事件监听以及事件处理
        jf.addWindowListener(new WindowListener(){
            public void windowActivated(WindowEvent arg0){
                //jlb.setText("窗口被激活");
            }
            public void windowClosed(WindowEvent arg0){

}
            public void windowClosing(WindowEvent arg0){
                jlb.setText("窗口正在被关闭");
                System.exit(0);
            }
            public void windowDeactivated(WindowEvent arg0){
                //jlb.setText("窗口变成后台窗口时发生");
            }
            public void windowDeiconified(WindowEvent arg0){
                //jlb.setText("窗口被还原");
            }
            public void windowIconified(WindowEvent arg0){
                jlb.setText("窗口最小化");
            }
            public void windowOpened(WindowEvent arg0){
                jlb.setText("窗口被打开");
            }
        });
        jf.setSize(100,100);
    jf.setVisible(true);
    }
    public static void main(String[]args){
        new WindowListenerTest().init();
```

```
        }
    }
```

运行结果如图 6 – 12 所示。

图 6 – 12　窗口事件处理的应用

视频 6 – 6
（键盘事件处理）

（2）键盘事件处理

【例 6 – 10】采用适配器实现事件监听及处理。

```java
import java.awt.Color;
import java.awt.FlowLayout;
import java.awt.event.KeyAdapter;
import java.awt.event.KeyEvent;
import javax.swing.JFrame;
import javax.swing.JLabel;
public class KeyListenerTest extends KeyAdapter{
    JLabel jlb1 = new JLabel();
    JLabel jlb2 = new JLabel();
    JLabel jlb3 = new JLabel();
    public void keyPressed(KeyEvent e){
        jlb1.setText(e.getKeyChar() + "键被按下");
    }
    public void keyReleased(KeyEvent e){
        jlb2.setText(e.getKeyChar() + "键被松开");
    }
    public void keyTyped(KeyEvent e){
        jlb3.setText(e.getKeyChar() + "键被输入");
    }
    public void init(){
//创建"适配器实例"的窗口
        JFrame jf = new JFrame("适配器实例");
        jf.addKeyListener(this);        //添加键盘的事件监听
//设置窗口的布局 FlowLayout
        jf.setLayout(new FlowLayout());
```

```
        jf.add(jlb1);                    //将 jlb1 添加到窗口中
        jf.add(jlb2);                    //将 jlb2 添加到窗口中
        jf.add(jlb3);                    //将 jlb3 添加到窗口中
        jf.setSize(200,100);             //设置窗口的大小
        jf.setVisible(true);             //设置窗口的可见性
        //设置窗口的关闭方式
        jf.setDefaultCloseOperation(JFrame.EXIT_ON_CLOSE);
    }
    public static void main(String[]args){
        new KeyListenerTest().init();
    }
}
```

运行结果如图 6 – 13 所示。

图 6 – 13　键盘事件处理的应用

对于鼠标事件处理和动作事件处理，可以通过扫描二维码自主学习。

任务实施

任务分析

实现计算器的简单计算，首先要把界面上涉及的组件添加好，并选用合适的布局管理器布局，根据计算器的特点，选用的组件有按钮和文本框，布局管理器用网格布局，计算器要能实现加、减、乘、除运算，所以还涉及按钮的事件响应。

任务实现

请扫描二维码下载任务工单、本任务的程序代码。

视频 6 – 7
（任务二简单计算器
实训视频）

任务工单 6 – 2

任务二的程序代码

运行结果如图6-14所示。

图6-14　简单计算器的运行结果

【试一试】

设计更复杂的计算器。动手测试一下。

任务评价

请扫描二维码查看任务评价标准。

任务评价6-2

任务三　企业典型实践项目实训

实训　超市管理系统登录界面开发

1. 需求描述

超市管理系统需要提供用户登录界面，对用户身份进行校验，登录成功后，进入系统主窗体界面，如图6-15和图6-16所示。

视频6-8（超市管理系统登录界面开发）

图6-15　系统登录

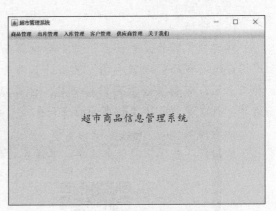

图6-16　系统主窗体

2. 实训要点

掌握Java图形界面开发操作技能，完成超市管理系统登录界面开发。

3. 实现思路及步骤

①定义登录界面类 LoginFrame；

②定义处理登录请求的类 AdminDao，用于对用户身份进行校验；

③定义数据模型类 Admin；

④定义数据库操作的工具类 DBUtil；

⑤定义字符串处理工具类 StringUtil。

4. 编程实现

请扫描二维码下载任务工单、本任务的程序代码。

任务工单 6-3

任务三的程序代码

【试一试】

请动手测试一下开发的其他登录界面。

实训评价

请扫描二维码查看任务评价标准。

任务评价 6-3

知识拓展

中国古语选项卡的效果实现

党的二十大报告中提及的中国古语常常代表着丰富的文化内涵和价值观。那么如何利用 Java 编程语言的强大功能，创建一个展示中国古语的精美图形界面呢？本次知识拓展内容为运用 Java 图形界面开发技术实现党的二十大报告中提到的中国古语选项卡效果。中国古语选项卡包括厚德载物、讲信修睦、亲仁善邻、天人合一和自强不息五个标签，五个方面的内容可上网查阅，设计效果如图 6-17 所示。

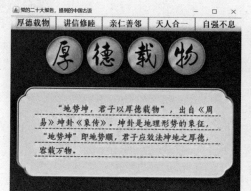
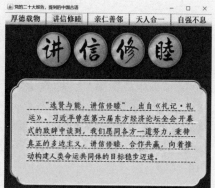

图 6-17　中国古语选项卡实现效果

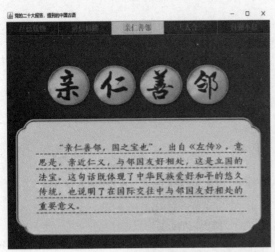
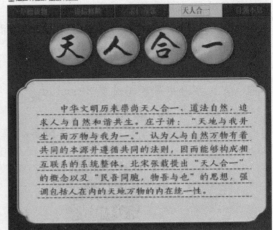

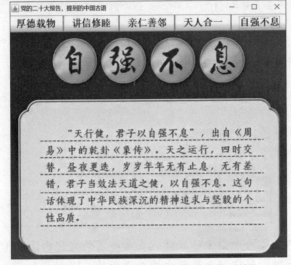

图 6-17　中国古语选项卡实现效果（续）

请扫描二维码下载中国古语选项卡的实现代码。

模块训练

一、选择题

1. 下列有关 Swing 的叙述，错误的是（　　）。

A. Swing 是 Java 基础类（JFC）的组成部分

B. Swing 是可用来构建 GUI 的程序包

C. Swing 是 AWT 图形工具包的替代技术

D. Java 基础类（JFC）是 Swing 的组成部分

2. Swing GUI 通常由（　　）组成。（选三项）

A. GUI 容器　　　　　　　　　　　B. GUI 组件

C. 布局管理器　　　　　　　　　　D. GUI 事件侦听器

模块六知识
拓展代码

3. 以下关于 Swing 容器的叙述，错误的是（　　　）。

A. 容器是一种特殊的组件，它可用来放置其他组件

B. 容器是组成 GUI 所必需的元素

C. 容器是一种特殊的组件，它可被放置在其他容器中

D. 容器是一种特殊的组件，它可被放置在任何组件中

4. 以下关于 BorderLayout 类功能的描述，错误的是（　　　）。

A. 它可以与其他布局管理器协同工作

B. 它可以对 GUI 容器中的组件完成边框式的布局

C. 它位于 java. awt 包中

D. 它是一种特殊的组件

5. JTextField 类提供的 GUI 功能是（　　　）。

A. 文本区域　　　　B. 按钮　　　　　　C. 文本字段　　　　D. 菜单

二、填空题

1. 将 GUI 窗口划分为东、西、南、北、中五个部分的布局管理器是_____。

2. 在 Swing GUI 编程中，setDefaultCloseOperation（JFrame. EXIT_ON_CLOSE）语句的作用是_____。

3. 请列举出 Swing 容器的顶层容器：_____（举两例）。

4. 请列举出组件的 setSize（）方法签名：_____（举两例）。

三、简答题

1. 什么是 GUI？列举出三个 AWT 组件的类名，并说明 AWT 组件的一般功能。

2. 什么是事件、事件源、事件处理方法、事件监听器？列举出两个事件的类名。

3. Java 中 Swing 五种常见的布局方式分别是什么？

模块七

异常处理

模块情境描述

　　软件技术专业大一学生小王对Java语言非常感兴趣，已经在尝试应用Java程序进行Web应用开发，但是，在运行程序时，却碰到了各种各样的意外情况，例如，申请内存却没有申请到、读取的文件不存在、数组下标越界、除法运算中除数为零、空指针等。这些意外事件的发生如果没有得到有效处理，可能会导致程序的异常退出或得到错误的运行结果。那么，设计程序时，如何有效地对这些意外情况进行避免呢？小王上网搜索到Java语言提供了异常处理，可以有效避免这些意外事件产生的不良影响。

　　Java异常处理是Java语言的一大特色。一个好的应用程序，在实现用户需要的各种功能的同时，还应具备预见程序运行过程中可能产生的各种异常的能力，并能对异常情况进行恰当处理，保障程序的运行不被中断，帮助开发人员或用户快速定位问题、解决问题，从而让程序更加健壮和易于维护，具有更好的容错性和友好性。

　　本模块共有3个任务，希望通过任务学习，让学习者了解异常的定义和类型，熟悉Java语言中异常类的继承结构，理解Java语言中的异常处理机制，学习者能自定义异常类，能在编程中应用异常处理机制解决程序运行期间可能出现的错误，养成良好的编码习惯，树立认真严谨的工作态度，从而编写出高可靠、高健壮性、易维护的代码，提升用户体验，而不仅仅是完成软件的基本功能。本模块任务知识点如下：

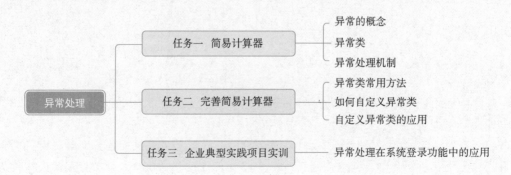

任务一　简易计算器

教学目标

1. 素养目标

（1）培养学生基于面向对象的思想进行程序设计的能力；

（2）培养学生良好的编程规范和习惯；

（3）培养学生精益求精的工匠精神，具备精湛的匠艺，能编写健壮、易维护、具有良好容错性和友好性的程序。

2. 知识目标

（1）了解异常的概念；

（2）理解异常处理机制；

（3）掌握异常类的定义与使用。

3. 能力目标

（1）能阐述 Java 异常处理机制；

（2）能准确定位异常类型，明确异常类的应用场景；

（3）能自定义异常类，并准确、合理地应用异常编程，对程序中出现的错误给予准确且友好的错误提示。

任务导入

编程实现能够进行加、减、乘、除四则运算的简易计算器。

1. 程序能够接收控制台输入的两个数字及运算符；

2. 程序能够正确执行运算并在控制台输出计算结果；

3. 程序能对出现的错误给予准确、友好的提示。

【想一想】

1. 在除法运算中，如果除数为零，会发生什么错误？怎样避免该类错误？

2. 如果输入非数字字符，程序又该如何处理？

知识准备

视频 7-1
（异常的基本概念和
继承结构）

1. 异常的概念

程序中的错误通常分为三类：编译时错误、运行时错误和逻辑错误。编译时错误是指由于没有遵循 Java 语言的语法规则而产生的语法错误，只有解决了这些语法错误，程序才能编译通过。运行时错误是指程序编译通过后，在运行时，因为某种事件的出现，导致程序产生错误而无法正常执行，这类程序错误被称为运行时错误。运行时错误可分为两类：一类是程序无法处理的系统级错误，另一类是程序本身可以处理的用户级错误。逻辑错误是指编译通过的程序在运行时，由于程序设计上存在的逻辑问题，导致没有得到预期的结果。

　　编译时错误属于程序编写过程中的常见错误，不属于异常。逻辑错误是由于程序设计存在逻辑上的问题，导致没有得到预期结果，也不属于异常，但有时可以通过自定义异常来处理。异常是中断程序运行的各种错误或意外事件，比如，内存不够、磁盘空间不足、线程死锁、用户输入错误、除数为零、数组下标越界、空指针、文件找不到，以及意外断电、网络中断等。其中，内存不够、磁盘空间不足、线程死锁等属于系统级错误，而用户输入错误、除数为零、数组下标越界、空指针、文件找不到等属于用户级错误。

2. 异常类

　　Java 提供了丰富的异常类来描述程序运行时的系统级错误和用户级错误，具体的异常便是这些异常类的实例。Java 的所有异常类都是 Throwable 类的子类，Throwable 类有两个直接子类：Error（错误类）和 Exception（异常类）。Java 的异常类的继承关系如图 7 – 1 所示。

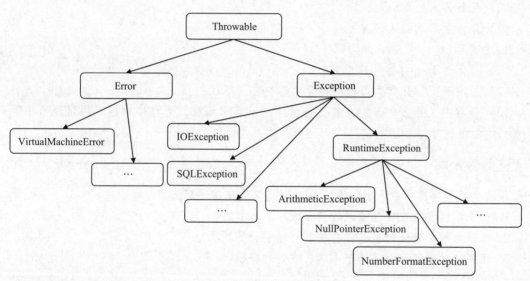

图 7 – 1　Java 异常类的继承关系

　　其中，Error 类用于描述系统级错误，此类错误一般是 Java 运行环境中的内部错误或者硬件问题，在应用程序中是无法处理的，程序不必处理此类异常。Exception 类用于描述用户级错误，此类错误是需要程序进行处理的异常。Exception 类的子类有 RuntimeException 和非 RuntimeException 两大类，RuntimeException 类及其所有子类为运行时异常，非 RuntimeException 类为编译时异常。对于运行时异常，Java 编译器不会去检查它，编译器不要求强制处置此类异常，故运行时异常又称为非检查性异常。编译时异常的发生在一定程度上是可以预计的，并且一旦发生这类异常，就必须采取某种方式进行处理，Java 编译器会在编译时检查这类异常，并强制要求采用 Java 异常处理机制进行处理，例如采用 try…catch 语句捕获处理异常，或者抛出异常，否则程序不会被编译通过，故编译时异常又称为检查性异常。Java 常见异常类见表 7 – 1。

表7-1　Java常见异常类

异常类型	异常子类	说明
运行时异常 （非检查性异常）	ArithmeticException	除数为0时，触发算术错误异常
	IllegalArgumentException	方法收到非法参数时，触发非法参数异常
	ArrayIndexOutOfBoundsException	数组下标越界异常
	NullPointerException	试图访问null对象引用时，触发空指针异常
	SecurityException	试图违反安全性时，触发安全类异常
	ClassNotFoundException	不能加载请求的类
	ClassCastException	试图将对象强制转换为不是该实例的子类时，触发类型转换异常
	NegativeArraySizeException	应用程序试图创建大小为负的数组时，触发数组大小为负数异常
编译时异常 （检查性异常）	AWTException	AWT中的异常
	IOException	I/O异常的根类
	FileNotFoundException	找不到文件
	EOFException	文件结束
	IllegalAccessException	对类的访问被拒绝
	NoSuchMethodException	请求的方法不存在
	InterruptedException	线程中断
	SQLException	数据库访问错误

3. 异常处理机制

那么如何处理程序运行中可能发生的异常呢？Java提供了一套异常处理机制，Java语言的异常处理机制为：抛出异常和捕获处理异常，异常处理机制为程序提供了处理错误的能力，对程序进行异常处理，将极大地改善程序的可读性、稳定性以及可维护性。

视频7-2
（异常处理机制）

Java对于错误、运行时异常、编译时异常的处理方式有所不同，对于编译时异常，必须捕获处理或者声明抛出，允许忽略非检查性的运行时异常和错误。Java异常处理机制如图7-2所示。

（1）捕获处理异常

Java语言一般采用try…catch…finally语句进行异常捕获和处理。异常处理语句的格式如下：

```
try{
    //被监控错误的代码块
```

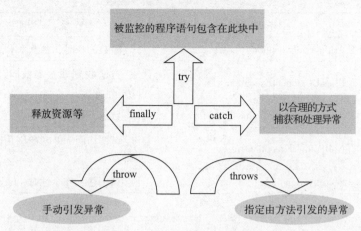

图 7-2　Java 异常处理机制

```
    ……
}catch(异常类型 1 e1){
    //第一种可能异常的处理程序
……
}catch(异常类型 2 e2){
    //第二种可能异常的处理程序
    ……
}……
finally{
    //最终执行的处理语句
    ……
}
```

try 对应的花括号里的内容就是可能会发生异常情况的代码段。

catch 后面小括号里的异常类型和 e1、e2 分别是发生的异常类型、异常对象。花括号里的内容则是发生相应异常类型时要执行的处理代码段。catch 语句可以设置多个，分别对应不同的异常。

finally 后面的花括号里的内容，不管发生什么异常，都能被程序执行。

try…catch…finally 语句执行流程如图 7-3 所示。

说明：

● 如果 try 部分的全部代码没有发生异常情况，则顺序执行 finally 后面花括号里的内容部分。

● 如果 try 部分的代码发生异常情况，并且

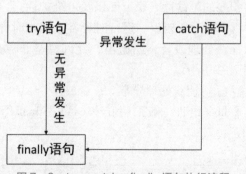

图 7-3　try…catch…finally 语句执行流程

此异常在本方法内被捕获，则在发生异常处跳过 try 部分剩余的代码，转向执行异常对应的 catch 部分的全部代码（异常的处理代码），再执行 finally 后面花括号里的内容。

● 如果 catch 部分的代码又发生异常，则 Java 语言将这个异常传给本方法的调用者。

● 如果 try 部分的代码发生异常情况，而在本方法中没有被捕获，则在发生异常处跳过 try 部分剩余的代码，转去执行 finally 部分的代码，最后把异常传给本方法的调用者。

下面使用 try…catch…finally 语句对程序进行异常处理编程。

【例 7 - 1】成功捕获处理异常。

```
import java.util.Scanner;
    public class ArithmaticExceptionDemo{
        Public static void main(String[]args){
        Scanner scanner = new Scanner(System.in);
        int y = scanner.nextInt();
        int x = 10,z;
        try{
            z = x/y;
            System.out.println(z);
        }catch(ArithmeticException e){
            System.out.println("除数为 0");
        }finally{
            System.out.println("执行完!");
        }
    }
}
```

执行程序，当输入"0"时，程序抛出异常，运行结果如图 7 - 4 所示。

【例 7 - 2】产生异常但没有成功捕获异常。

```
import java.util.Scanner;
public class AccpException2{
public static void main(String[]
args){
        System.out.println("请输入课程
代号(1 至 3 之间的数字):");
        Scanner in = new Scanner
(System.in);
        try{
            int courseCode = in.nextInt
();
        switch(courseCode){
```

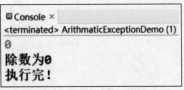

图 7 - 4　运行结果

```
                case 1:
                    System.out.println("C#编程");
                    break;
                case 2:
                    System.out.println("Java 编程");
                    break;
                case 3:
                    System.out.println("SQL 编程");
                }
            }catch(NullPointerException e){
                System.out.println("空指针异常");
            }
            System.out.println("执行完!");
        }
    }
```

执行程序，当输入"abc"时，程序抛出异常，但是 catch 中是空指针异常 NullPointer-Exception，没有合适的异常类型可以匹配异常，从而程序被中断运行，系统报错，如图 7 - 5 所示。

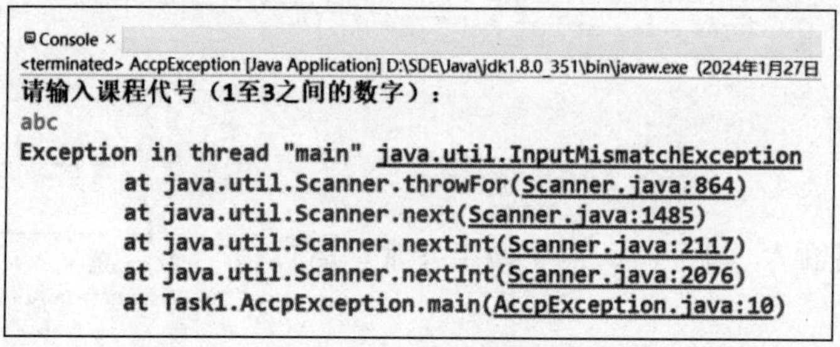

图 7 - 5　运行结果

【例 7 - 3】多重异常。

```
public class MultiExceptionDemo{
    public static void main(String args[]){
        int a = 0;
        int b = 0;
        try{
            String s1 = args[0];              //第一个参数
            String s2 = args[1];              //第二个参数
            a = Integer.parseInt(s1);
            b = Integer.parseInt(s2);
            int temp = a/b;                   //此处可能会产生运行时异常
```

```
        System.out.println("a/b = " + temp);
    }catch(NullPointerException e){        //捕获空指针异常
        System.out.println("空指针异常");
        e.printStackTrace();
    }catch(NumberFormatException e){        //捕获数字格式化异常
        System.out.println("数字格式化异常");
        e.printStackTrace();
    }catch(ArithmeticException e){        //捕获算术异常
        System.out.println("算术异常");
        e.printStackTrace();
    }catch(Exception e){
        System.out.println("其他异常");
        e.printStackTrace();
    }finally{
        System.out.println("执行完!");
    }
    }
}
```

　　在类上右击，选择"Run As"→"Run Configurations"，在"Program arguments"中输入"1　0"，如图7-6所示，单击"Run"按钮执行程序，程序产生算术异常。按顺序从上到下依次查看catch语句，匹配ArithmeticException算术异常，进入相应catch语句块内进行算术异常处理，一旦成功匹配异常，后面的catch语句将不再进行匹配。printStackTrace()方

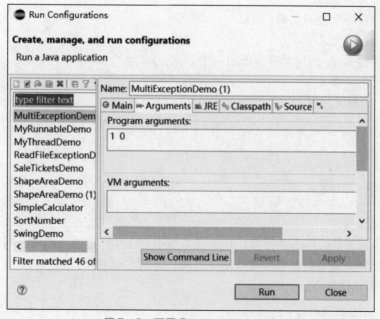

图7-6　配置Program arguments

法用于在命令行打印异常信息、程序中出错的位置及原因。程序运行结果如图 7-7 所示。

```
⊟ Console ×
<terminated> MultiExceptionDemo (1) [Java Application] D:\SDE\Java\jdk1.8.0_351\bin\javaw.exe (2024年1月27日 下午
算数异常
java.lang.ArithmeticException: / by zero
        at Task1.MultiExceptionDemo.main(MultiExceptionDemo.java:12)
执行完!
```

图 7-7　运行结果

（2）抛出异常

异常处理中一般使用 try…catch…finally 语句，但异常处理中还有另外
一种情况，即编写程序时不想在方法中直接捕获和处理可能发生的异常，
也就是说，在方法中不添加 try…catch…finally 语句，Java 语言针对这种情
况提供了另一种异常处理方式，即使用 throw 语句和 throws 语句抛出异常。

视频 7-3
（抛出异常）

Java 语言抛出异常的方式有两种：由系统自动抛出异常和人为抛出异常。
Java 运行时，系统识别错误，并自动产生与该错误相对应的异常类的对象，由系统自动抛出
异常。编程人员可以使用 throws 关键字在方法头声明抛出异常，或者使用 throw 关键字在方
法体内抛出异常，将异常抛给本方法的调用者（上一层方法），由调用者来处理发生的异
常。调用者可以自己处理这种异常，也可以将这个异常再抛给它的调用者。异常就这样逐级
上传，直到找到处理它的代码为止，这就形成了异常调用链。需要注意的是，编程人员应尽
量在异常抛离主方法之前把异常处理掉，因为一旦异常从主方法抛离，便由系统接收，将无
法通过代码编程来处理它。如果没有任何代码来捕获并处理这个异常，Java 将结束这个程序
的执行。

抛出异常主要有以下步骤：

第一步：确定异常类；

第二步：创建异常类的实例；

第三步：抛出异常。

在方法中通过 throw 语句明确地抛出一个异常，同时，在方法中用 throws 语句声明此方
法将抛出某类型的异常。

throws 语句的格式如下：

```
<返回值类型> <方法名> <([参数])> <throws> <异常类名 1>,… <异常类
名 n> {
        //方法体
        …

    }
```

如果一个方法可能产生多个异常，而方法本身不对这些异常进行处理，则可以抛出多个
异常，将这些异常类型名列在 throws 关键字后面，类名之间用","隔开。

throw 语句的格式如下：

```
throw new 异常类型名();
```

throw new 异常类型名(String str);

【例 7 - 4】使用 throws 抛出异常。

```java
import java.io.BufferedReader;
import java.io.FileReader;
import java.io.IOException;
public class ReadFileExceptionDemo{
    static void readFile(String filePath)throws IOException{
        //使用文件路径实例化一个字符输入流对象
        FileReader fileReader = new FileReader(filePath);
        //使用一个字符输入流对象实例化对象
        @SuppressWarnings("resource")
        BufferedReader bufferedReader = new BufferedReader(fileRead-
er);
        //读取文件中的第一行内容
String line = bufferedReader.readLine();
System.out.println(line);
    }
    public static void main(String[]args){
        String filePath = "resource/log22.txt";
        try{
            readFile(filePath);
        }catch(IOException e){
            System.out.println("Catch a IOException…");
            e.printStackTrace();
        }
    }
}
```

在这个程序中,定义了一个名词为 ReadFileExceptionDemo 的类,在该类中定义了一个 readFile 方法用于读取文件内容。在该方法中,使用一个字符输入流对象 fileReader 实例化一个 BufferedReader 对象,该对象调用 readLine() 方法读取文件中的第一行内容,并在控制台打印输出。在该方法头部,声明使用 throws 抛出 IOException 异常。在 main 方法中,调用 readFile 方法,并对调用该方法的语句进行 IOException 异常的捕获处理。

这里使用一个不存在的文件 log22.txt,运行程序,系统抛出没有找到文件的异常,在 resource 目录下找不到 log22.txt 文件。

程序运行结果如图 7 - 8 所示。

【例 7 - 5】使用 throw 抛出异常。

```
Console ×
<terminated> ReadFileExceptionDemo (2) [Java Application] D:\SDE\Java\jdk1.8.0_351\bin\javaw.exe (2024年1月27日 下午5:57:57 – 下午
Catch a IOException...
java.io.FileNotFoundException: resource\log22.txt （系统找不到指定的文件。）
        at java.io.FileInputStream.open0(Native Method)
        at java.io.FileInputStream.open(FileInputStream.java:195)
        at java.io.FileInputStream.<init>(FileInputStream.java:138)
        at java.io.FileInputStream.<init>(FileInputStream.java:93)
        at java.io.FileReader.<init>(FileReader.java:58)
        at Task1.ReadFileExceptionDemo.readFile(ReadFileExceptionDemo.java:10)
        at Task1.ReadFileExceptionDemo.main(ReadFileExceptionDemo.java:20)
```

图 7-8　运行结果

```java
import java.util.Scanner;
public class ThrowExceptionDemo{
    public static void main(String[]args){
        int[]arr = getNumbers();   //获取键盘输入的数据
        int result;
        if(arr.length >=2){
            try{
                result = getDivision(arr[0],arr[1]);//调用除法运算方法
                System.out.println(result);
            }catch(ArithmeticException e){
                System.out.println("除数不能为0!");
            }
        }
    }

    static int[]getNumbers(){
        System.out.println("请输入两个数:");
        Scanner in = new Scanner(System.in);
        int[]arr = new int[2];
        for(int i =0;i < arr.length;i ++){
            arr[i] = in.nextInt();
        }
        return arr;
    }

    static int getDivision(int a,int b){
        if(b ==0){
            throw new ArithmeticException();   //使用 throw 抛出异常
        }
```

```
        return a/b;
    }
}
```

在这个程序中，定义了一个名字为 ThrowExceptionDemo 的类，分别定义了 getNumbers( ) 方法和 getDivision(int a,int b) 方法，getNumbers( ) 方法用于获取键盘输入的数字，getDivision(int a,int b) 方法用于进行除法运算，并在其方法内使用 throw 抛出算术异常 ArithmeticException，由调用它的主方法捕获处理异常。

运行程序，输入"10 0"，按 Enter 键后，运行结果如图 7-9 所示。

可同时使用 throws 和 throw 抛出异常，对可能出现的异常使用 throw 抛出异常，而不做异常捕获处理，同时，在方法头部，使用 throws 声明抛出异常，由调用它的方法去处理。

> 🖥 Console ×
> <terminated> ThrowExceptionDemo (1) [Java Application]
> **请输入两个数：**
> 10 0
> **除数不能为0！**

图 7-9 运行结果

throws 与 throw 抛出异常的区别：throws 用于在方法头部声明抛出方法中的异常，而 throw 用于在方法体内抛出异常。throws 用来声明一个方法可能抛出的所有异常信息，throw 则是指抛出的一个具体的异常。throws 通常不用捕获异常，可由系统自动将所有捕获的异常信息抛给上级方法，throw 则需要用户自己捕获相关的异常，而后对其进行相关包装，最后将包装后的异常信息抛出。如果一个方法同时使用 throws 抛出由 throw 抛出的异常，那么可以不必在方法中对 throw 抛出的异常进行捕获处理。

🔵 任务实施

任务分析

1. 在控制台输入两个合法数字及运算符，程序能够正确执行运算并在控制台输出计算结果。

2. 如果在控制台输入的运算操作数中含非数字字符，程序不会报错终止执行，而是在控制台输出提示信息"请输入合法的运算操作数！"。

3. 如果进行除法运算，在控制台输入的除数为 0，程序不会报错终止执行，而是在控制台输出提示信息"除数不能为 0"。

4. 如果在控制台输入的运算符不是"+、-、*、/"，程序不会报错终止执行，而是在控制台输出提示信息"很抱歉，目前计算器仅能进行加减乘除运算！"。

任务实现

请扫描二维码下载任务工单、本任务的程序代码。

任务工单 7-1

任务一的程序代码

1. 执行程序，输入两个操作数"10 20"并按 Enter 键，再输入运算符"+"并按 Enter 键，观察运行结果，程序能够正确执行，运行结果如图 7 - 10 所示。

```
⊡ Console ×
<terminated> SimpleCalculator (1) [Java Applica
请输入两个数:
10 20
请输入+、-、*、/运算符:
+
10 + 20 = 30
```

图 7 - 10　运行结果

2. 执行程序，输入两个操作数"10 a"并按 Enter 键，再输入运算符"+"并按 Enter 键，观察运行结果，程序不能正确执行，在控制台输出错误原因，运行结果如图 7 - 11 所示。

```
⊡ Console ×
<terminated> SimpleCalculator (1) [Java Application] D:\SDE\Java\jdk1.8.
请输入两个数:
10 a
您输入的内容不是数字，将无法进行算数运算!
```

图 7 - 11　运行结果

3. 执行程序，输入两个操作数"10 0"并按 Enter 键，再输入运算符"/"并按 Enter 键，观察运行结果，程序不能正确执行，在控制台输出错误原因，运行结果如图 7 - 12 所示。

```
⊡ Console ×
<terminated> SimpleCalculator (1) [Java Application] D:\SDE\
请输入两个数:
10 0
请输入+、-、*、/运算符:
/
不能进行除法运算，除数不能为0
```

图 7 - 12　运行结果

【试一试】
其他情况的运算能够正确执行吗？动手测试一下。

任务评价

请扫描二维码查看任务评价标准。

任务评价 7 - 1

任务二　完善简易计算器

教学目标

1. 素养目标
（1）培养学生软件工程思想和用户体验设计思想；
（2）培养学生良好的编程规范和习惯；

（3）培养学生认真严谨的工作态度及思考问题时严谨周全的职业素养。

2. 知识目标

（1）熟知 Java 异常类的常见方法；

（2）理解异常处理机制；

（3）掌握异常类的定义与使用。

3. 能力目标

（1）能描述 Java 异常类常见方法的作用，并能结合待解决的问题正确、合理地选用方法；

（2）能根据 Java 异常类的继承机制，结合待解决的问题自定义异常类；

（3）能灵活应用 Java 提供的异常类和自定义异常类对应用程序进行异常编程，从而提高程序的健壮性、提升应用程序的用户体验感。

任务导入

任务一中已经实现了简易计算器，但是功能还不够完善，存在程序异常的情况。Java 虽然提供了很多通用异常类，但是在解决实际业务多样化问题时，仍然需要进行完善。对于任务一中实现的简易计算器，当输入非数字字符时，需要使用自定义异常类来进行异常处理，这样才能使应用程序变得更加健壮、友好。

功能要求：

在控制台输入的运算数为非数字或运算符不是" + 、- 、* 、/ "时，应用程序能给予异常处理，并给予用户友好的提示信息。

【想一想】

1. 如果输入的运算数为非数字，程序可能会发生什么错误？程序该如何处理？

2. 如果用户进行加、减、乘、除四则运算以外的运算，或者用户输入的运算符根本就不是合法运算符，程序该如何处理？

知识准备

1. 异常类常用方法

Java 的所有异常类都是 Throwable 类的子类，Throwable 类中提供了一系列方法用于打印异常相关信息，并被其子类所继承。Java 标准异常类中常用的方法有：

视频 7 –4
（自定义异常）

- toString()：返回异常类的类名和它的引用地址。
- getMessage()：返回异常的信息，需要通过构造方法传入异常信息。
- getLocalizedMessage()：返回异常对象的本地化信息。
- printStackTrace()：打印程序调用的堆栈信息，打印异常信息在程序中出错的位置及原因。

【例 7 –6】Java 标准异常类的常用方法。

```
import java.util.Scanner;
public class ExceptionMethodsDemo{
    public static void main(String[]args){
```

```
        System.out.println("请输入除数:");
        Scanner scanner = new Scanner(System.in);
        int y = scanner.nextInt();
        int x = 10, z = -1;
        try{
            z = x/y;
            System.out.println(z);
        }catch(ArithmeticException e){
            System.out.println("除数不能为0");
            System.out.println(e.toString());
            System.out.println(e.getMessage());
            e.printStackTrace();
        }
    }
}
```

运行结果如图 7 – 13 所示。

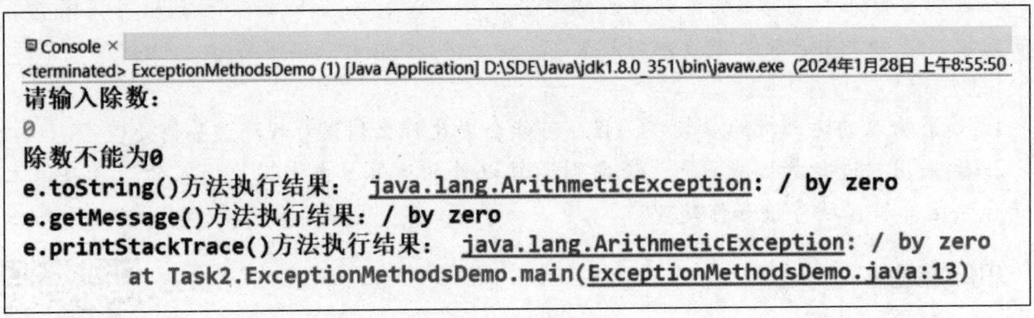

图 7 – 13　运行结果

2. 如何自定义异常类

用户自定义异常类需要继承现有的异常类 Exception 或其子类，自定义异常类的命名以 Exception 结尾，并在类中添加自定义异常带参构造方法，也可以自定义异常处理方法。

【例 7 – 7】自定义异常类。

```
public class NegativeValueException extends Exception{
    public NegativeValueException(){}
    public NegativeValueException(String message){
        super(message);   //调用父类的构造方法初始化 message
    }


    //自定义新的异常处理方法
```

```
public String getExceptionInfo(){
    String info = "边长不能为负数!";
    return info;
}
}
```

3. 自定义异常类的应用

Java 系统定义的异常是由 JVM 检测的, 而用户自定义异常必须由用户通过程序检测并抛出, 在使用自定义异常时, 使用条件判断语句 if（满足抛出异常条件）, 抛出自定义异常对象, 使用 try…catch…捕获处理异常。

【例 7 - 8】应用自定义异常类。

```
public class SquareAreaDemo{
    public static void main(String[]args){
        //将字符串数组中的第一个元素转为 Double 对象,作为边长
        double side = Double. parseDouble(args[0]);
        try{
            Square square = createSquare(side);
            System. out. println("正方形的面积:" + square. calculateArea
());
        }catch(NegativeValueException e){
            System. out. println(e. toString());
        }
    }

    static Square createSquare(double side)throws NegativeValueEx-
ception{
        if(side <= 0){
                throw new NegativeValueException("输入的边长数据不
合法!");
        }
        return new Square(side);
    }
}
```

依赖的 Square 类如下:

```
public class Square{
    private double side;      //正方形的边长
    public Square(double side){
```

```
        this.side = side;
    }

    public double getSide(){
        return side;
    }

    public void setSide(double side){
        this.side = side;
    }

    public double calculateArea(){
        return getSide()* getSide();
    }

    public void printInfo(){
        System.out.println("我是正方形,边长： "+getSide());
    }
}
```

在类上右击，选择"Run As"→"Run Configurations"，在"Program arguments"中输入"-10 20"，如图 7 - 14 所示，单击"Run"按钮执行程序，运行结果如图 7 - 15 所示。

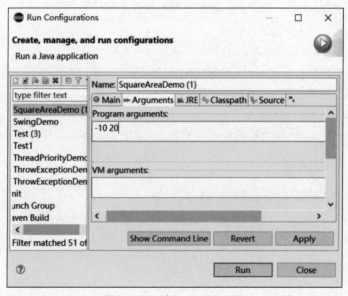

图 7 - 14 输入"-10 20"

```
□ Console ×
<terminated> SquareAreaDemo (1) [Java Application] D:\SDE\Java\jdk1.8.0_351\bin\javaw.
Task2.NegativeValueException: 输入的边长数据不合法!
```

图 7 - 15　运行结果

任务实施

任务分析

在控制台输入运算数为非数字或加、减、乘、除四则运算符以外的字符，程序的执行不被中断，并能够给出友好的用户提示。

任务实现

请扫描二维码下载任务工单、本任务的程序代码。

任务工单 7 - 2

任务二的程序代码

执行程序，输入两个操作数 "10　20" 并按 Enter 键，再输入运算符 " + " 并按 Enter 键，观察运行结果。程序能够正确执行，运行结果如图 7 - 16 所示。

```
□ Console ×
<terminated> SimpleCalculator (2) [Java Application] D:\SDE\Java\jdk1.8.0_351\bin\javaw.
请输入两个数:
10 20
请输入+、-、*、/运算符:
++
不能进行++运算, 简单计算器只能进行+、-、*、/四则运算
```

图 7 - 16　运行结果

【试一试】

其他情况的运算能够正确执行吗? 动手测试一下。

任务评价

请扫描二维码查看任务评价标准。

任务评价 7 - 2

任务三　企业典型实践项目实训

实训　异常处理在系统登录功能中的应用

1. 需求描述

超市管理系统需要提供登录功能，该功能需要对用户输入的账号和密码进行身份合法性校验，只有合法用户才能成功登录系统，否则，将根据用户输入情况给予友好提示。如果是由于系统自身原因而无法登录，系统给予登录异常的提示信息。以下是具体的登录提示信息：

①用户成功登录，系统提示"登录成功！"；

②因未输入账号而登录失败，系统提示"请输入账号！"；

③因未输入密码而登录失败，系统提示"请输入密码！"；

④因登录信息有误而登录失败，系统提示"用户名或密码错误！"；

⑤因系统自身原因造成登录失败，如系统后台数据库服务未启动、连接池满等数据库连接失败原因，系统提示"登录异常：后台数据库连接失败！"；

⑥因系统自身原因造成登录失败，如网络中断等其他原因，提示"登录异常：网络中断或其他原因！"。

2. 实训要点

掌握异常处理机制，应用异常处理增强程序的健壮性，提升系统的用户体验感。

3. 实现思路及步骤

①定义系统用户 Admin 类，作为数据模型类；

②定义操作数据库的工具 DBUtil 类，用于连接数据库服务、查询数据等；

③定义对系统用户 Admin 类对象进行业务处理的 AdminDao 类，用于将应用程序的业务逻辑与数据访问逻辑分开，以提高代码的可维护性和可扩展性；

④定义处理字符串的工具 StringUtil 类，用于对用户输入的账号和密码信息进行处理，以便用于校验；

⑤定义系统登录界面 LoginFrame 类，这个是系统的主入口程序。

4. 编程实现

请扫描二维码下载任务工单、本任务的程序代码。

任务工单 7-3　　　　　　　　　　　任务三的程序代码

在超市管理系统数据库表"t_admin"中准备合法的系统用户，账号和密码均为"admin"。

①执行 LoginFrame 程序，输入合法用户数据，账号："admin"，密码："admin"，单击"登录"按钮，运行结果如图 7-17 所示。

图7-17 运行结果

②停止系统所依赖的数据库服务 MySQL80，如图7-18所示。

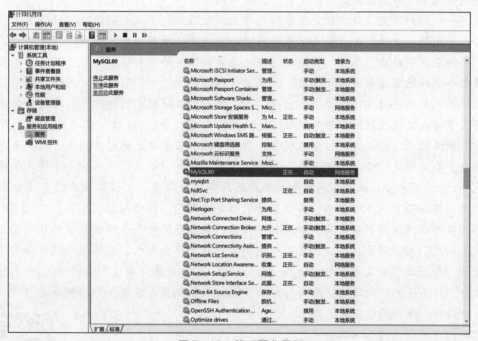

图7-18 管理服务界面

执行 LoginFrame 程序，输入合法用户数据，单击"登录"按钮，弹出系统提示框，运行结果如图7-19所示。

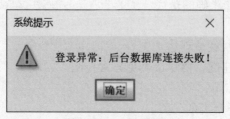

图7-19 运行结果

【试一试】

请动手测试其他几种登录失败的系统提示功能。

实训评价

请扫描二维码查看任务评价标准。

知识拓展

任务评价 7 - 3

软件的达摩克利斯之剑

党的二十大报告提出，要加快建设网络强国、数字中国。当前，数据已成为新型生产要素，数字经济时代已然到来。数字经济是我国现代化经济体系的重要组成部分，也是推进供给侧结构性改革、推动经济高质量发展的重要驱动力。

信息技术深刻改变了经济社会发展模式与生产生活方式，极大地促进了社会发展，但也带来了新的问题与挑战，安全隐患突出。网络安全风险从虚拟网络空间向现实物理世界蔓延扩散。公共互联网病毒、木马、高级持续性攻击等网络威胁向制造、金融、交通、能源等关系国民经济命脉的重要领域传导渗透，一旦遭受网络攻击，可能引发重大网络安全事件，严重威胁经济社会安全乃至国家安全。同时，生产装备由机械化向数字化、网络化、智能化演进，将大量接入工业互联网，带来新型安全风险。当今社会，"技术"变"骗术"的事情层出不穷，网络犯罪已经成为一种全球现象，每年造成数万亿美元的经济损失。近年来，我国的网络安全事件频发，侵害了大量个人和企业等单位的切身利益。网络安全事件几乎每天都在发生，比如，Trickbot 银行木马对金融机构的恶意攻击事件；工信部在北京冬奥会测试赛期间处置网络安全事件 300 余个，其中包括网络安全漏洞、移动恶意程序等。

要为数字经济保驾护航，其中作为数字载体的软件产品的安全性就显得格外重要。程序世界危机四伏，人为因素、环境因素等可能都会对程序产生影响，网络安全就好比是达摩克利斯之剑，警醒我们一定要重视信息安全。因此，我们必须时刻坚守软件开发的不信任原则，把和程序有关的一切请求、服务、接口、返回值、机器、框架、中间件等都当作不可信的，处处设防，做好防护措施。

请扫描二维码查阅知识拓展完整内容。

模块训练

一、选择题

1. 关于异常，下列说法正确的是（　　　）。

A. 异常是一种对象

B. 一旦程序运行，异常就被创建

C. 为了保证程序运行速度，要尽量避免异常控制

D. 以上说法都不对

2. （　　　）类是所有异常类的父类。

A. Throwable　　　　B. Error　　　　　　C. Exception　　　　D. AWTError

知识拓展

3. 在没有进行异常处理时，一个异常将终止（　　）。

A. 整个程序　　　　　　　　　　　B. 抛出异常的方法

C. 产生异常的 try 块　　　　　　　D. 上面的说法都对

4. 在 Java 程序中读入用户输入的一个值存于变量 i，要求创建一个自定义异常，如果变量 i 的值大于10，使用 throw 语句显式地引发异常，异常输出信息为"Something is wrong!"，正确的语句为（　　）。

A. if(i > 10) throw Exception("Something is wrong!");

B. if(i > 10) throw Exception e("Something is wrong!");

C. if(i > 10) throw new Exception("Something is wrong!");

D. if(i > 10) throw new Exception e("Something is wrong!");

5. （　　）是除 0 异常。

A. RuntimeException　　　　　　　B. ClassCastException

C. ArithmeticException　　　　　　D. ArrayIndexOutOfBoundsException

6. 自定义异常类，可以从（　　）继承。

A. Error 类　　　　　　　　　　　B. AWTError 类

C. VirtualMachine 类　　　　　　　D. Exception 及其子类

7. 以下是一段 Java 程序代码：

```java
public class TestException{
    public static void main(String args[])throws Exception{
        try{
            throw new Exception();
        }catch(Exception e){
            System.out.print("Caught in main()");
        }
        System.out.print(" nothing ");
    }
}
```

程序运行后，输出结果为（　　）。

A. Caught in main( ) nothing　　　　B. Caught in main( )

C. nothing　　　　　　　　　　　　D. 没有任何输出

8. 以下为一段 Java 程序代码：

```java
public class TestException{
    public static void main(String args[]){
        int n[] = {0,1,2,3,4};
        int sum = 0;
        try{
            for(int i = 1;i < 6;i ++ )
                sum = sum + n[i];
```

```
        System.out.println("sum = " + sum);
    }catch(ArrayIndexOutOfBoundsException e){
        System.out.print("数组越界");
    }finally{
        System.out.print(" 程序结束 ");
    }
}
}
```

运行后，输出结果将是（　　　）。

A. 10 数组越界　程序结束　　　　　　B. 10 程序结束

C. 数组越界　程序结束　　　　　　　　D. 程序结束

二、填空题

1. Java 虚拟机能自动处理_____。

2. Java 中，那些可预料和不可预料的出错称为_____。

3. Java 中，获取对所发生异常的简单描述的两个常用方法分别是_____和_____。

三、简答题

1. 分别说明 throw、throws、finally 的作用。

2. 如果异常没有被捕获，将会发生什么？

3. 根据创建自定义异常类的格式，编写一个自定义异常类的小程序。

模块八

线　程

模块情境描述

　　小王从 GitHub 上下载了一个 Java 项目，但是在运行的时候，总是出现 Java 程序卡死的问题。根据控制台报错信息，小王在网上查询资料，明确了这是运行多线程时发生的程序卡死问题，问题产生的原因有多种：一种是由计算机性能造成的，运行多线程可能会导致电脑内存爆满，以至于程序卡死；一种是多线程并发执行时，多线程的静态变量共享性造成的问题；还有一种情况是利用 Thread. interrupt( ) 函数使多线程中某一个线程关闭，但是出现假死现象。针对这几种情况，小王参考网上的解决方案逐个尝试，最终解决了问题。这也引起了他对多线程的学习兴趣。

　　Java 中引入线程机制，可提高程序并发执行的程度，进一步提高系统效率。一个程序可以有多个线程，分别完成各自不同的任务，这样大幅提高了 CPU 的利用率。比如，你要设计一个 UI 界面，界面上要有一个显示时间的时钟，你所写的主程序是一个线程，称之为主线程，而这个时钟就是一个线程，其自主运行，不会影响 UI 界面上其他的操作。

　　本模块共有 3 个任务，希望通过任务学习，让学习者了解线程的相关概念、线程的生命周期，理解线程的调度与优先级、多线程的同步机制，掌握线程的实现方法和操作方法。通过项目实训，学习者能创建多线程，能在编程中应用多线程来提高程序的并发执行效率；培养学习者良好的编码习惯和精益求精的工作态度，具有敢于担当、勇于奉献的匠人精神，领悟到开放包容、合作共赢的重要性。本模块任务知识点如下：

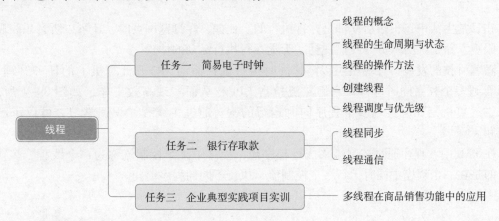

任务一　简易电子时钟

教学目标

1. 素质目标

（1）培养学生软件工程思想，按照程序低耦合高内聚的设计原则设计程序；

（2）培养学生良好的编程规范和习惯；

（3）培养学生认真严谨的工作态度和团队合作意识。

2. 知识目标

（1）了解 Java 线程的相关概念；

（2）熟悉线程的常用操作方法；

（3）掌握线程创建方式及使用场景。

3. 能力目标

（1）能正确阐述 Java 线程的生命周期；

（2）能正确阐述线程多种状态之间的转换机制；

（3）能准确应用线程，实现简易电子时钟的计时功能。

任务导入

编程实现简易电子时钟简单计时功能。

功能要求：

有一个简易的时间展示面板，能够实时显示时、分、秒。

【想一想】

为什么创建简易电子时钟时需要用到线程？如何应用线程实现计时功能？

视频 8 - 1

（线程简介）

知识准备

1. 线程的概念

在日常生活中，很多活动都是并行执行的。比如，在浏览网页时，还可以听音乐、聊天等。眼观六路、耳听八方是我们视觉、听觉并行执行活动的体现。

随着科技的发展，计算机可以高速同时执行多种活动，打开计算机上的任务管理器，可以看到多个程序同时运行，它们轮流抢占 CPU，从而实现高效工作，如图 8 - 1 所示。那么，计算机是如何实现多个程序同时运行的呢？通过多线程知识的学习，可以了解这一奥秘。

在 Java 中，程序通过控制流来执行程序流，程序中某个控制流称为一个线程，多线程则指的是在一个程序中同时运行多个控制流，执行不同的程序语句。

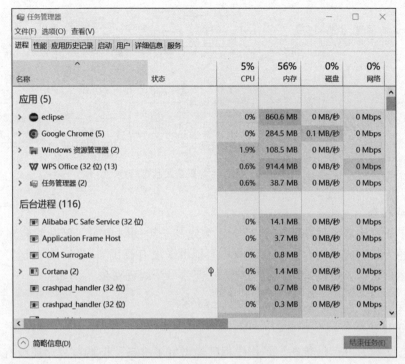

图 8-1　Win10 任务管理器

　　程序是为了让计算机执行某些操作或解决某个问题而编写的一系列有序的指令集合，它以文件的形式存储在磁盘上。程序是一个静态概念，当程序运行后，就产生了进程。进程是计算机中的程序关于某数据集合上的一次运行活动，是一个程序在其自身的地址空间中的一次执行活动，是系统进行资源分配和调度的基本单位。进程就是由程序段、相关数据段和 PCB 三部分构成的实体。进程是一个动态概念。

　　线程是比进程更小的单位，一个进程执行过程中可以产生多个线程，每个线程都有自身的产生、存在和消亡的过程，也是一个动态的概念。每个进程都有一段专用的内存区域，而线程间可以共享相同的内存区域，并利用这些共享单元来实现数据交换、实现通信与必要的同步操作。

2. 线程的生命周期与状态

　　Java 程序中的语句都是逐条执行的，按照一条路径独立执行，即为 Java 的一个线程。每个 Java 程序都有一个默认的主线程，对于 Application 程序，当 JVM 加载代码发现 main 方法之后，就会立即启动一个线程，这个线程称为主线程。对于 Applet 程序，让浏览器加载并执行的 Java 小程序线程就是主线程。

　　Java 中要想同时运行多条线程，必须在主线程中开辟新线程。每个线程一般包括新建、就绪、运行、阻塞、死亡 5 个阶段，拥有新建、就绪、运行、阻塞、休眠、等待、死亡 7 种状态。线程新建、就绪、运行、阻塞、死亡的过程，称为线程的生命周期。线程的状态表示线程正在运行的活动及所能完成的任务。在线程的运行过程中，可以通过调度在各种状态间相互转换，如图 8-2 所示。

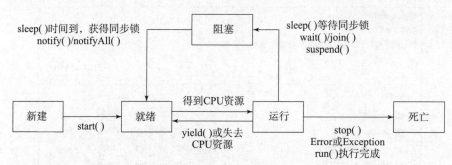

图8-2　线程生命周期及状态转换

（1）新建状态

在程序中通过构造函数声明一个 Thread 类或其子类的对象时，新建线程对象便处于新建状态，已经为其生成了内存空间和资源，但是由于没有调用 start() 方法运行线程，所以还处于不可运行状态。可以采用线程构造方法新建一个线程对象。例如：

```
MyThread testThread = new MyThread();
```

（2）就绪状态

就绪状态又称为可运行状态，是指线程已经做好了准备，但调度程序还没有启动线程之前所处的状态。只有当线程对象调用 start() 方法时，线程才进入就绪状态。当线程运行完成或从阻塞、等待或睡眠状态转换后，就进入就绪状态。该状态下线程等待 CPU 的运行，即线程在排队队列中等待执行。线程真正执行的时候，依据线程的优先级别和排队队列的情况进行。

（3）运行状态

就绪状态的线程被 CPU 调用并获得资源时，便处于运行状态。线程的运行是通过调用 run() 方法实现的，这是线程开启运行状态的唯一方式，该方法定义了线程的操作和功能。

（4）阻塞状态

阻塞状态又称为挂起状态或不可运行状态。如果一个线程在运行状态下调用 sleep()、suspend()、wait() 等方法，就会由运行状态变为阻塞状态。阻塞状态下，线程不能进入排队队列等待 CPU 调用，而是进入阻塞队列排队。只有解决了阻塞问题，线程才能变为就绪状态。由运行状态变为阻塞状态的情况主要包括以下 4 种：

- 调用 sleep() 方法，线程转为阻塞的睡眠状态。
- 调用 suspend() 方法，线程转为阻塞的挂起状态。
- 输入/输出流发生线程阻塞。
- 调用 wait() 方法，等待一个条件变量。

（5）死亡状态

线程调用 stop() 方法或者 destroy() 方法，就进入了死亡状态，此时线程无法继续运行。进入死亡状态主要有两个原因：一是线程正常完成后，正常结束，即线程的 run() 方法执行完成；二是线程被强制停止运行，执行 stop() 方法或 destroy() 方法的线程被终止运行。线程变为死亡状态，就不能再次启动。死亡状态的线程调用 start() 方法，会产生

java. lang. IllegalThreadstateException 异常错误。

3. 线程的操作方法（表 8 – 1、表 8 – 2）

表 8 – 1　Thread 类部分构造方法

构造方法	功能
Thread(String name)	建立线程对象
Thread(String name)	建立线程对象，参数 name 是线程的名字
Thread(Runnable target)	建立线程对象，并为其指定一个实现 Runnable 接口的对象
Thread(Runnable target, String name)	建立线程对象，并为其指定一个实现 Runnable 接口的对象和字符串名称

表 8 – 2　Thread 类主要操作方法

方法	功能
currentThread( )	返回正在执行的线程
getName( )	返回线程的名字
getPriority( )	返回线程的优先级
isInterrupted( )	返回线程是否被中断
join( )	同步线程
run( )	运行线程，线程的执行代码在 run( ) 方法中定义
start( )	开始执行线程，执行 run( ) 方法中的代码
setPriority(int newPriority)	设置线程的优先级
setName( )	设置线程的名字
yield( )	让当前线程暂停，让系统线程调度器重新调度
sleep(long millis)	让当前线程暂停多少毫秒，并进入阻塞状态

4. 创建线程

Java 中提供了两种实现多线程的方法：从 Thread 类继承和实现 Runnable 接口。

（1）继承 Thread 类，创建线程

Java 创建线程的最简单方法是通过继承 Thread 线程类来创建。创建线程的操作与创建普通类的对象是一样的。

①定义继承 Thread 类的子类。

```
public class MyThread extends Thread{
    public void run(){…}
}
```

②实例化线程对象。

```
MyThread  testThread = new MyThread();
```

③启动线程。

```
testThread. start();
```

【例 8 - 1】 通过继承 Thread 类创建线程，使其循环执行 10 次并输出语句。

```
public class MyThreadDemo{

    public static void main(String[]args){
        MyThread testThread = new MyThread();
        testThread. run();
    }


}


class MyThread extends Thread{
    public void run(){
        for(int i = 0;i < 10;i ++){
            System. out. println("MyThread 类继承 Thread 类 " + i);
        }
    }
}
```

程序运行结果如图 8 - 3 所示。

(2) 实现 Runnable 接口，创建线程

①定义线程类实现 Runnable 接口。

```
public class MyRunnable implements Runnable{
    public void run(){…}
}
```

```
MyThread类继承Thread类 0
MyThread类继承Thread类 1
MyThread类继承Thread类 2
MyThread类继承Thread类 3
MyThread类继承Thread类 4
MyThread类继承Thread类 5
MyThread类继承Thread类 6
MyThread类继承Thread类 7
MyThread类继承Thread类 8
MyThread类继承Thread类 9
```

图 8 - 3　运行结果

②实例化线程对象。

```
MyRunnable testRunnable = new MyRunnable();
```

③启动线程。

```
testRunnable. start();
```

与 Thread 类创建线程一样，线程的程序执行代码也放在 run() 方法中，调用 start() 方法时，执行 run() 方法中的程序代码。

【例 8 - 2】 通过实现 Runnable 接口创建线程，使其循环执行 10 次并输出语句。

```
public class MyRunnableDemo{

    public static void main(String[]args){
        MyRunnable testRunnable = new MyRunnable();
        Thread testThread = new Thread(testRunnable);
        testThread. run();
    }
}

class MyRunnable implements Runnable{
    public void run(){
        for( int i = 0;i < 10;i ++){
            System. out. println("MyRunnable 实现 Runnable 接口" + i);
        }
    }
}
```

程序运行结果如图 8 - 4 所示。

（3）两种创建线程的区别

继承 Thread 类的方式使用起来相对简单，并且容易理解，其缺点是继承了 Thread 的子类就不能再继承其他类了。然而 Runnable 接口创建线程的方式可避免这个问题，并且这种方式可以实现线程主体和线程对象的分离，在实现复杂的多线程问题上逻辑清晰，所以推荐采用这种方式。

注意：正确区分并理解 run( ) 方法和 start( ) 方法。

```
MyRunnable实现Runnable接口 0
MyRunnable实现Runnable接口 1
MyRunnable实现Runnable接口 2
MyRunnable实现Runnable接口 3
MyRunnable实现Runnable接口 4
MyRunnable实现Runnable接口 5
MyRunnable实现Runnable接口 6
MyRunnable实现Runnable接口 7
MyRunnable实现Runnable接口 8
MyRunnable实现Runnable接口 9
```

图 8 - 4　运行结果

- run( ) 方法被 start( ) 方法调用，来执行线程程序代码。
- run( ) 方法中的程序代码就是线程要实现的功能。

5. 线程调度与优先级

就绪状态的线程在就绪队列中等待 CPU 资源，就绪队列中可能同时有多个线程排队，JVM 的线程调度器负责管理线程，调度器把线程的优先级分为 10 个级别，分别用 Thread 类中的类常量表示。每个 Java 线程的优先级都在常数 1 ~ 10 范围内。Thread 类优先级常量有 3 个：

```
static int MIN_PRIORITY     //1
static int NORM_PRIORITY    //5
static int MAX_PRIORITY     //10
```

如果没有明确设置，默认线程优先级为常数 5，即 Thread. NORM_PRIORITY。对于优先级相同的队列，按照队列"先进先出"的特点，即按照进入就绪队列的顺序依次获得 CPU

资源。如果希望就绪队列中排队靠后的线程得到尽快执行，可以通过设置就绪队列中优先级的方式来实现。

多线程机制可打乱 Java 多个线程"先进先出"的特性，将需要紧急处理的线程的优先级设置为最高，从就绪队列中优先取得 CPU 资源，而对于不重要的线程，将其优先级设置得较低，滞后获得 CPU 资源。在就绪队列中，优先级高的线程可以优先获得 CPU 资源而得到执行；优先级较低的线程等比它级别高的线程执行完毕后，才能获得 CPU 资源。

Thread 类中设置和获得线程优先级的方法分别为：

```
public voia setPriority(int newPriority);
public int getPriority();
```

线程优先级可以用 setPriority(int grade)方法调整，如果参数 grade 不在 1～10 范围内，那么 setPriority 产生一个 IllegalArgumentException 异常。用 getPriority( )方法返回线程优先级。

说明：除优先级以外，影响线程先后顺序的因素还有程序运行时的系统环境、操作系统实现多任务的调度方法等。即在不同系统下运行同一个多线程程序在各线程交替运行的次序可能是不一样的。Java 线程的优先级高并不代表一定会先执行，只是说明执行的概率高一些，所以，在 Java 中用优先级来控制执行顺序是不可行的。

下面举例说明不同优先级的多线程的情况。

【例 8 - 3】创建两个线程，调用 start( ) 前设置不同的优先级，并让优先级低的先调用。start( ) 处于就绪状态，看这两个线程的运行次序。

```java
public class ThreadPriorityDemo{

    public static void main(String[ ]args){
        Thread t1 = new MyThread1();
        Thread t2 = new Thread(new MyRunnable2());
        t1.setPriority(10);  //设置最大优先级
        t2.setPriority(1);  //设置最小优先级
        t2.start();
        t1.start();
    }

}

class MyThread1 extends Thread{
    public void run(){
        for(int i = 0;i < 10;i ++){
            System.out.println("线程 1 第" + i + "次执行!");
            try{
                Thread.sleep(100);
```

```
            }catch(InterruptedException e){
                e.printStackTrace();
            }
        }
    }
}


class MyRunnable2 implements Runnable{
    public void run(){
        for(int i=0;i<10;i++){
            System.out.println("线程2第"+i+"次执行!");
            try{
                Thread.sleep(100);
            }catch(InterruptedException e){
                e.printStackTrace();
            }
        }
    }
}
```

程序运行结果如图8-5所示。

任务实施

任务分析

创建时钟面板,用于显示当前时间,并通过每秒启动一个新线程来重新绘制时钟面板,实现时钟实时显示时间。

任务实现

请扫描二维码下载任务工单、本任务的程序代码。

任务工单8-1

任务一的程序代码

程序运行结果如图8-6所示。

```
线程1第0次执行!
线程2第0次执行!
线程1第1次执行!
线程2第1次执行!
线程1第2次执行!
线程2第2次执行!
线程2第3次执行!
线程1第3次执行!
线程1第4次执行!
线程2第4次执行!
线程1第5次执行!
线程2第5次执行!
线程1第6次执行!
线程2第6次执行!
线程1第7次执行!
线程2第7次执行!
线程2第8次执行!
线程1第8次执行!
线程2第9次执行!
线程1第9次执行!
```

图8-5 运行结果

图 8−6　简易电子时钟

【做一做】

应用线程知识，实现小球在窗体中模拟自由落体运动。

任务评价

请扫描二维码查看任务评价标准。

任务评价 8−1

任务二　银行存取款

教学目标

1. 素质目标

（1）培养学生软件工程思想；

（2）培养学生良好的编程规范习惯；

（3）培养学生在小组协作中良好的沟通能力和合作共赢意识。

2. 知识目标

（1）掌握线程同步知识，应用线程锁实现线程同步；

（2）熟悉线程的常用操作方法。

3. 能力目标

（1）能正确阐述线程同步与程序安全之间的关系；

（2）能举例阐述多线程通信机制；

（3）能应用 Java 线程同步通信机制，编程模拟实现银行存取款功能、超市进货与商品销售功能，解决二者之间的相互依赖与影响关系。

任务导入

编程模拟银行存取款业务。

功能要求：

简单编程模拟银行存取款过程，在控制台打印存款和取款信息即可。

【想一想】

银行存款和取款二者之间存在什么样的关系？如何合理处理二者之间的关系？

知识准备

1. 线程同步

视频 8 -2
（多线程）

在 Java 中，程序通过控制流来执行程序流，程序中某个控制流称为一个线程，多线程则指的是在一个程序中同时运行多个控制流，执行不同的程序语句。多线程意味着一个程序的多行语句可以看上去几乎在同一时间内运行。

Java 可以同时处理多个线程，但如果多个线程之间同时对共享数据进行操作，则会导致得不到预期的结果。比如，同一时刻一个线程 A 正在处理数据，而另一个线程 B 开始读取该数据，B 没等到 A 处理完数据就去读取数据，肯定会导致一个错误的结果。

为保证同一时刻只有一个线程访问多线程共享数据，Java 引入了互斥机制，在同一时刻仅允许一个线程访问多线程共享对象，而将其他线程设置为阻塞状态。只有当该线程访问操作多线程共享数据结束后，其他线程才允许访问，这就是多线程相互排斥或线程同步，以保证数据操作的完整性。

Java 使用 synchronized 关键字控制多线程互斥地访问共享资源，多线程排斥，实现线程同步。一个对象操作被 synchronized 关键字修饰时，该对象就被锁定，或者说该对象被监视。获得一个对象的锁也称为获取锁、锁定对象、在对象上锁定或在对象上同步。当程序运行到 synchronized 同步方法或代码块时，该对象锁才起作用。一个对象只有一个锁，在同一个时刻仅允许一个线程访问被锁定的对象，当该线程结束访问时，该对象的锁才被释放，处于就绪状态的高优先级线程才能访问被锁定的对象，从而实现资源同步。释放锁是指持锁线程退出了 synchronized 同步方法或代码块。

例如：

```
synchronized void method(){
//对共享对象的操作
}
```

使用 synchronized 锁定需要访问的共享数据，该方法被加锁，因此称为同步方法。

说明：synchronized 只能用来修饰方法和代码段，不能用来修饰说明类和成员变量。

在 Java 中，每个对象有一个"互斥锁"，该锁用来保证在同一时刻只能有一个线程访问该对象。锁的使用过程如图 8 -7 所示。

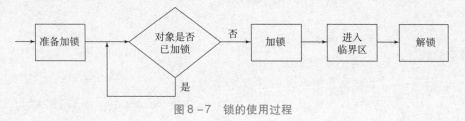

图 8 -7 锁的使用过程

有两种加锁的方法：

（1）定义同步方法

```
synchronized  方法名{…}
```

进入该方法时加锁。

【例 8 - 4】有两个售票系统同时售卖火车票。

- SaleTicketsDemo 类。

```java
public class SaleTicketsDemo{
    public static void main(String[]args){
        SaleTickets m = new SaleTickets();
        Thread t1 = new Thread(m,"System 1");
        Thread t2 = new Thread(m,"System 2");
        t1. start();
        t2. start();
    }
}
```

- SaleTickets 类。

```java
class SaleTickets implements Runnable{
    private String ticketNo = "1001";//车票编号
    private int ticket =1;//共享私有成员,编号为 1001 的车票数量为 1

    public void run(){
        System. out. println(Thread. currentThread(). getName() + "is
saling Ticket " +ticketNo);//当前系统正在处理订票业务
        sale();
    }

    private synchronized void sale(){
        if(ticket >0){
            try{
                //休眠 0 ~1 000 ms,用来模拟网络延迟
                Thread. sleep((int)(Math. random()* 1000));
            }catch(InterruptedException e){
                e. printStackTrace();
            }
            //修改车票数据库的信息
            ticket =ticket - 1;
            //显示当前该车票的预订情况
            System. out. println("ticket is saled by " + Thread. current-
Thread(). getName() +",amount is:" +ticket);

        }else{
            //显示该车票已被预订
```

```
        System. out. println ( " Sorry" + Thread. currentThread ( ).
getName ( ) + ",  Ticket" + ticketNo + "is saled");
            }
        }
    }
```

程序运行结果如图 8 - 8 所示。

```
System 1 is saling Ticket 1001
System 2 is saling Ticket 1001
ticket is saled by System 1, amount is: 0
Sorry System 2,  Ticket 1001 is saled
```

图 8 - 8　运行结果

(2) 使用同步语句块

```
方法名{
    …
Synchronized(this){
//同步语句块
}//进入该代码段时加锁
…
}
```

其中，this 是需要同步的对象的引用。当一个线程欲进入该对象的关键代码时，Java 虚拟机（JVM）将检查该对象的锁是否被其他线程获得，如果没有，则 JVM 把该对象的锁交给当前请求锁的线程。该线程获得锁后，就可以进入花括号之间的关键代码区域。

对例 8 - 4 中的 SaleTickets 类进行修改，将其同步方法改为用同步语句块实现，具体代码如下。

```
public class SaleTickets2 implements Runnable{
    private String ticketNo = "1001";//车票编号
    private int ticket =1;//共享私有成员,编号为1001 的车票数量为1

    public void run(){
        //当前系统正在处理订票业务
        System. out. println ( Thread. currentThread ( ). getName ( ) + "is
saling Ticket" + ticketNo);
        synchronized(this){
            if(ticket >0){
                try{//休眠 0 ~1 000 ms,用来模拟网络延迟
                    Thread. sleep((int)(Math. random()*1000));
                }catch(InterruptedException e){
```

```
                e.printStackTrace();
            }
        //修改车票数据库的信息
        ticket = ticket - 1;
        //显示当前该车票的预订情况
                System.out.println ( " ticket  is  saled  by  " +
Thread.currentThread().getName()+",amount is:" + ticket);
            }else
        //显示该车票已被预订
            System.out.println("Sorry " + Thread.currentThread().
getName()+",  Ticket "+ticketNo +" is saled");
        }
    }
  }
```

本例中，有两个订票系统同时发售火车票，两个线程同时提出预订需求，为了不引起混乱，让线程 t1 先获得锁，因此，当线程 t2 也开始执行并欲获锁时，发现该锁已被线程 t1 获得，只好等待。当线程 t1 执行完关键代码后，会将锁释放并通知线程 t2，此时线程 t2 才获得锁并开始执行关键代码。

可以看到，几乎在同一时间两个系统都获得了预订票的指令，但是由于预订票子系统 System1 比 System2 先得到处理，因此，编号为 1001 的车票就必须先售给在 System1 提交预订请求的乘客。在 System2 提交预订请求的乘客并没有得到编号为 1001 的车票，因此系统提示抱歉信息。

这一切正确的显示都源于引入了同步机制，将程序中的关键代码放到了同步代码块中，才使同一时刻只能有一个线程访问该关键代码块。可见，同步代码块的引入保持了关键代码的原子性，保证了数据访问的安全。

同步方法和同步代码块有什么区别呢？

简单地说，用 synchronized 关键字修饰的方法不能被继承。或者说，如果父类的某个方法使用了 synchronized 关键字来修饰，那么在其子类中该方法的重载方法是不会继承其同步特征的。如果需要在子类中实现同步，应该重新使用 synchronized 关键字来修饰。

在多线程的程序中，虽然可以使用 synchronized 关键字来修饰需要同步的方法，但是并不是每一个方法都可以被其修饰。比如，不要同步一个线程对象的 run() 方法，因为每一个线程运行都是从 run() 方法开始的。在需要同步的多线程程序中，所有线程共享这一方法，由于该方法又被 synchronized 关键字所修饰，因此一个时间段内只能有一个线程能够执行 run() 方法，其他线程必须等待前一个线程结束后才能执行。

显然，同步方法的使用比同步代码块简洁。但在实际解决这类问题时，还需要根据具体情况来考虑使用哪一种方法实现同步比较合适。

2. 线程通信

在现实应用中，很多时候都需要让多个线程按照一定的次序来访问共享资源，比如超市的进货与商品销售问题，这也是经典的生产者和消费者问题。这类问题描述了这样一种情况：假设仓库中只能存放一件产品，生产者将生产出来的产品放入仓库，消费者将仓库中的产品取走消费。如果仓库中没有产品，则生产者可以将产品放入仓库，否则，停止生产并等待，直到仓库中的产品被消费者取走为止；如果仓库中放有产品，则消费者可以将产品取走消费，否则，停止取走并等待，直到仓库中再次放入产品为止。显然，这是一个同步问题，生产者和消费者共享同一资源，并且，生产者和消费者之间彼此依赖，互为条件向前推进。

所以，当线程需要等待一个条件方可继续执行时，仅有 synchronized 关键字是不够的。因为虽然 synchronized 关键字可以阻止并发更新同一个共享资源，实现了同步，但是它不能用来实现线程间的消息传递，也就是所谓的通信。而在处理此类问题的时候，又必须遵循一个原则，即，对于生产者，在生产者没有生产之前，要通知消费者等待；在生产者生产之后，马上又通知消费者消费；对于消费者，在消费者消费之后，要通知生产者已经消费结束，需要继续生产新的产品以供消费。

其实，Java 提供了 3 个非常重要的方法来巧妙地解决线程间的通信问题。这 3 个方法分别是 wait( )、notify( ) 和 notifyAll( )。

通过调用 wait( ) 方法可以使调用该方法的线程释放共享资源的锁，然后从运行状态退出，进入等待队列，直到被再次唤醒。调用 notify( ) 方法可以唤醒等待队列中第一个等待同一共享资源的线程，并使该线程退出等待队列，进入可运行状态。调用 notifyAll( ) 方法可以使所有正在等待的队列中等待同一共享资源的线程从等待状态退出，进入可运行状态，此时，优先级最高的那个线程最先执行。

由于 wait( ) 方法在声明的时候被声明为抛出 InterruptedException 异常，因此，在调用 wait( ) 方法时，需要将它放入 try…catch 代码块中。此外，使用该方法时，还需要把它放到一个同步代码段中，否则，会出现如下异常："java. lang. IllegalMonitorStateException：current thread not owner"。

【例 8 - 5】模拟超市的进货与商品销售。

- 定义共享资源类 ShareData，代表商品。

```
public class ShareData{
    private char c;
    private boolean isProduced = false;//信号量

    /**
    * 同步方法 putShareChar()
    * @ param c
    */
    public synchronized void putShareChar(char c){
        //如果产品还未消费,则生产者等待
        if(isProduced){
            try{
                wait();//生产者等待
            }catch(InterruptedException e){
```

```
                e. printStackTrace();
            }
        }
        this. c = c;
        isProduced = true;//标记已经生产
        notify();//通知消费者已经生产,可以消费
    }

    /**
     * 同步方法 getShareChar()
     * @ return
     */
    public synchronized char getShareChar(){
        //如果产品还未生产,则消费者等待
        if(! isProduced){
            try{
                wait();//消费者等待
            }catch(InterruptedException e){
                e. printStackTrace();
            }
        }
        isProduced = false;//标记已经消费
        notify();//通知需要生产
        return this. c;
    }
}
```

- 定义线程类 Producer，用于创建生产者线程。

```
public class Producer extends Thread{
    private ShareData s;

    Producer(ShareData s){
        this. s = s;
    }

    public void run(){
        for(char ch = 'A';ch <= 'D';ch ++){
            try{
                Thread. sleep((int)(Math. random()* 3000));
```

```
        }catch(InterruptedException e){
            e.printStackTrace();
        }
        s.putShareChar(ch);//将产品放入仓库
        System.out.println(ch + " is produced by Producer. ");
    }
  }
}
```

• 定义线程类 Consumer，用于创建消费线程。

```
public class Consumer extends Thread{
    private ShareData s;
    Consumer(ShareData s){
        this.s = s;
    }

    public void run(){
        char ch;
        do{
            try{
                Thread.sleep((int)(Math.random()* 3000));
            }catch(InterruptedException e){
                e.printStackTrace();
            }
            ch = s.getShareChar();//从仓库中取出产品
            System.out.println(ch + " is consumed by Consumer. ");
        }while(ch!='D');
    }
}
```

• 定义 SupermarketSalesDemo 类，创建并启动生产者和消费者两个线程。

```
public class SupermarketSalesDemo{
    public static void main(String[]args){
        ShareData s = new ShareData();
        new Consumer(s).start();
        new Producer(s).start();
    }
}
```

程序运行结果如图 8-9 所示。

```
A is produced by Producer.
A is consumed by Consumer.
B is produced by Producer.
B is consumed by Consumer.
C is produced by Producer.
D is produced by Producer.
C is consumed by Consumer.
D is consumed by Consumer.
```

图 8-9　运行结果

任务实施

任务分析

存款和取款需要操作共同的用户账号，需要确保银行存取款业务能够安全进行。

创建一个用户类 User，User 对象是竞争资源。定义操作方法（存款、取款）oper(int x)，此方法被多个线程并发操作，因此在该方法基础上加上同步方法，并将账户的余额设为私有变量，禁止直接访问。

任务实现

请扫描二维码下载任务工单、本任务的程序代码。

任务工单 8-2

任务二的程序代码

程序运行结果如图 8-10 所示。

```
线程A运行结束，增加200，当前用户账户余额为：300
线程E运行结束，增加55，当前用户账户余额为：355
线程F运行结束，增加20，当前用户账户余额为：375
线程D运行结束，增加-30，当前用户账户余额为：345
线程C运行结束，增加-20，当前用户账户余额为：325
线程B运行结束，增加-50，当前用户账户余额为：275
```

图 8-10　运行结果

任务评价

请扫描二维码查看任务评价标准。

任务评价 8-2

任务三 企业典型实践项目实训

实训 多线程在商品销售功能中的应用

1. 需求描述

使用超市管理系统对外销售电视机、冰箱和洗衣机等商品，避免同一个商品同时被多个客户购买。

2. 实训要点

掌握线程创建方法、线程同步和通信机制。

3. 实现思路及步骤

①定义 GoodsSaleThread 类，继承自 Thread 类。GoodsSaleThread 类中定义商品名称、商品总数和已售出商品数等属性，以及 run( ) 方法。在 run( ) 方法中，使用 synchronized 关键字保证多个线程之间的互斥访问，以避免同时有多个线程购买同一个商品的情况。

②定义测试类 GoodsManager 类，创建 GoodsSaleThread 三个线程，分别用于卖出四台电视机、六台洗衣机和三台冰箱，调用 start( ) 方法来启动这三个线程，从而实现商品交替销售的功能。

4. 编程实现

请扫描二维码下载任务工单、本任务的程序代码。

任务工单 8 – 3

任务三的程序代码

程序运行结果如图 8 – 11 所示。

```
Thread-0售出电视机第1件
Thread-0售出电视机第2件
Thread-0售出电视机第3件
Thread-2售出冰箱第1件
Thread-2售出冰箱第2件
Thread-2售出冰箱第3件
Thread-1售出洗衣机第1件
Thread-0售出电视机第4件
Thread-1售出洗衣机第2件
Thread-1售出洗衣机第3件
Thread-1售出洗衣机第4件
Thread-1售出洗衣机第5件
Thread-1售出洗衣机第6件
```

图 8 – 11 运行结果

实训评价

请扫描二维码查看任务评价标准。

任务评价 8-3

知识拓展

新青年的时代创新精神

在互联网领域，每天都在发生奇迹，总有人逆浪而行超越前辈，这也是互联网领域最大的机遇优势。

提起"字节跳动"，可能很多人都会觉得陌生，那么一提到"今日头条""抖音""TikTok""西瓜视频""火山小视频""悟空问答"，大家一定不陌生，而这些所有现象级的国民 App，均属于"字节跳动"这家公司。

字节跳动公司自 2012 年成立以来，短短几年时间发展到估值接近千亿美元的互联网大鳄，拥有今日头条、抖音、西瓜视频等多个爆品 App，相比早期第一批中国三大互联网公司——百度公司、阿里巴巴集团、腾讯公司，字节跳动公司之所以能够如此成功，其中非常重要的原因就在于公司抢先搭上移动互联网发展的春风，准确定位用户需求，不断创新产品。

公司之所以能做到这些，是因为公司创始人是一批"80 后"的年轻人，他们富有创新精神，热衷于挑战传统，不断创新产品。张一鸣是今日头条、字节跳动创始人，他还推动创立了抖音、西瓜视频、火山小视频等相关产品。在 2021 年的福布斯排行榜中，张一鸣以身家达 594 亿美元超过马化腾，成为中国第二大富豪，也是中国互联网首富。

张一鸣很早就认准移动互联网红利，认准信息的聚合和推荐的价值。今日头条的核心是"数据+算法"，为用户提供个性化的定制，今日头条做到了千人千面，一千个人可能面对的是一千个不同的今日头条。

张一鸣能够创业成功，与其勤奋努力分不开，在大学期间，他主要做三件事情：研究技术、编程、看书。经常泡在学校图书馆，以及帮同学修电脑，让他练就了过硬的专业技能，磨练了自己的耐心，培养了自己善于发现问题、分析问题的敏锐头脑。

总结起来，张一鸣这位"80 后"年轻人之所以能够取得如此辉煌的创业成就，离不开他的五个优秀特质：富有好奇心，能够主动学习新事物、新知识和新技能；对不确定性保持乐观；不甘平庸，谦虚好学；懂得延迟满足；对重要的选择具有判断力。

纵观互联网发展历程，我们不难发现，伟大的科学家、成功的企业家都富有挑战精神，勇于创新，并不断追求卓越，一件事情做到极致就能成功。在这个过程中，他们或多或少要经历一些磨难，失败也许会成为家常便饭，或许曾经萌生过放弃的念头，但是只要认准方向，方法总比问题多。习近平总书记对青年寄语："青年要保持初生牛犊不怕虎、越是艰险越向前的刚健勇毅，勇立时代潮头，争做时代先锋。"我们现在身处新时代，作为时代新青年，有着自己的新使命，唯有不断练就自己成功的品质，更有耐心、更敏锐、常反思改进、不轻易言败、敢于创新、勇于挑战，我们相信一切皆有可能！

模块训练

一、选择题

1. 线程调用了 sleep( ) 方法后将进入 (   )。

A. 运行状态　　　　B. 堵塞状态　　　　C. 终止状态　　　　D. 就绪状态

2. 关于 Java 线程，下列说法错误的是 (   )。

A. 线程是以 CPU 为主体的行为

B. 线程是比进程更小的执行单位

C. 创建线程有两种方法：继承 Thread 类和实现 Runnable 接口

D. 新线程一旦被创建，将自动开始运行

3. 线程控制方法中，yield( ) 方法的作用是 (   )。

A. 返回当前线程的应用　　　　　　B. 使比其低的优先级线程开始启动

C. 强行终止线程　　　　　　　　　D. 只让相同优先级的线程开始执行

4. 实现线程同步时，应加关键字 (   )。

A. public　　　　B. class　　　　C. synchronized　　　D. Main

5. 下列说法中，错误的是 (   )。

A. 线程就是进程　　　　　　　　　B. 线程是一个程序的单个执行流

C. 线程是指一个程序的多个执行流　D. 多线程用于实现并发

6. 下列关于 Thread 类提供的线程控制方法的说法中，错误的一项是 (   )。

A. 在线程 A 中执行线程 B 的 join( ) 方法，则线程 A 等待，直到 B 执行完成

B. 线程 A 通过调用 interrupt( ) 方法来中断其阻塞状态

C. 若线程 A 调用方法 isAlive( ) 的返回值为 true，则说明 A 正在执行中

D. currentThread( ) 方法返回当前线程的引用

二、填空题

1. 线程一般具有的状态是新建、_____、_____、_____、死亡。

2. 在操作系统中，被称作轻型的进程是_____。

3. 多线程程序设计的含义是将一个程序任务分成几个并行的_____。

4. 多个线程并发执行时，各个线程中语句的执行顺序是_____的，但是线程之间的相对执行顺序是_____的。

5. Java 中的对象锁是一种独占的_____锁。

6. 程序中可能出现一种情况：多个线程互相等待对方持有的锁，而在得到对方的锁之前都不会释放自己的锁，这就是_____。

7. Java 线程的优先级是在 Thread 类中定义的，线程的优先级范围为从_____到_____的整数。

8. 处于新建状态的线程可以使用的控制方法是_____、_____。

9. 一个进程可以包含多个_____。

三、简答题

1. 简述线程与进程的区别及关系。

2. 简述在 Java 中创建线程的两种方式的区别。

205

模块九
输入/输出流

输入/输出流提供一条通道程序，可以使用这条通道读取源中的数据或把数据传送到目的地。把输入流的指向称作源，程序从指向源的输入流中读取源中的数据；而输出流的指向是数据要去的一个目的地，程序通过向输出流中写入数据把数据传送到目的地。

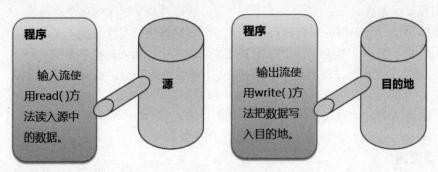

本模块学习输入/输出流的概述以及字符流，通过项目实训和模块测试，掌握输入/输出流常用方法。通过本模块的学习，促使学习者养成良好的职业价值，遵守职业道德和法律法规，具备较强的侵权意识和保密意识。

本模块知识点如下：

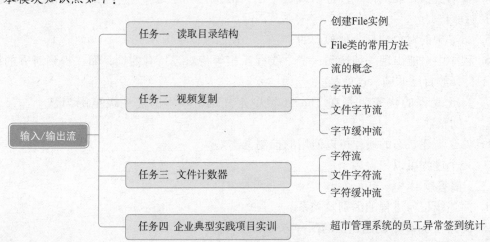

任务一 读取目录结构

教学目标

1. 素养目标

（1）培养学生严谨细致的工作态度；

（2）培养学生良好的编程规范和习惯。

2. 知识目标

（1）掌握 File 类的构造方法及应用；

（2）掌握 File 类的成员方法及应用。

3. 能力目标

（1）能够创建 File 实例；

（2）能调用 File 类的成员方法来完成文件的相关操作。

任务导入

设计 Java 应用程序，显示当前 Java 程序所在项目工程的目录结构，并输出文件的常用属性。

【想一想】

1. 在程序中，如果目录结构不存在，该如何处理？如何遍历目录下的所有文件？

2. 如何输出文件属性？

知识准备

在 Java 中，使用 File 类管理和操作文件及目录，比如获取文件路径及文件名、读取或设置文件的各种属性、进行目录操作等。但是，File 类不能访问文件内容本身，如果需要访问文件内容本身，则需要用到后面几节所介绍的输入/输出流的知识。

1. 创建 File 实例

File 类提供了多个构造方法用于创建 File 实例，其构造方法具体如下。

①File(String pathname)；/*通过给定路径的字符串来创建一个 File 实例。*/

②File(String parent，String child)；/*根据 parent 路径字符串和 child 路径字符串（可为文件名称）创建一个 File 实例。*/

③File(File parent，String child)；/*根据 parent 抽象路径和 child 路径字符串（可为文件名称）创建一个 File 实例。*/

视频 9 - 1

（File 类）

2. File 类的常用方法

File 类中包含了操作和管理文件及目录的多种方法，常用方法见表 9 - 1 ~ 表 9 - 3。

表 9 - 1　获取文件路径和文件名称

方法名称	说明
String getName( )	返回表示当前对象的文件名或者路径名
String getPath( )	返回相对路径字符串
String getAbsolutePath( )	返回绝对路径字符串
String getParent( )	返回当前对象所对应目录（最后一级子目录）的父目录名

表 9 - 2　读取及设置属性

方法名称	说明
boolean exists( )	判断当前对象（文件或目录）是否存在
boolean canWrite( )	判断当前文件是否可被写入
boolean canRead( )	判断当前文件是否可被读取
boolean isHidden( )	判断当前文件是否是隐藏文件
boolean isFile( )	判断当前对象是否是一个文件
boolean isDirectory( )	判断当前对象是否是一个目录
boolean isAbsolute( )	判断当前对象是否为一个绝对路径名
long lastModified( )	获取当前对象最后一次修改的时间
long length( )	获取当前文件的长度
boolean setReadOnly( )	设置当前文件为只读

表 9 - 3　文件和目录操作

方法名称	说明
boolean delete( )	删除当前对象所指向的文件或目录
boolean renameTo(File)	更改当前文件或目录名称
boolean mkdir( )	创建一个目录，必须确保父目录存在，否则创建失败
boolean mkdirs( )	创建一个目录，如果父目录不存在，则会创建父目录
boolean createNewFile( )	创建一个新文件
String[ ] list( )	返回当前目录下的文件或子目录的字符串数组

【例 9 - 1】使用 File 类中的方法来获取计算机中某个文件的常用属性信息。（在 E 盘根目录下创建一个 Test. txt 文本文件，并手动输入"Java 程序设计"内容。）

```java
import java. io. File;
public class FilePropertiesDemo{
    public static void main( String[ ]args){
//创建文件对象
File file = new File( "E:\\","Test. txt");
//判断是否是一个文件
```

```
System.out.println("是否是一个文件:" + file.isFile());
//判断是否是一个目录
System.out.println("是否是一个目录:" + file.getName());
//输出文件属性
System.out.println("文件名称:" + file.getName());
System.out.println("文件的相对路径:" + file.getPath());
System.out.println("文件的绝对路径:" + file.getAbsolutePath());
System.out.println("文件是否可以读取:" + file.canRead());
System.out.println("文件是否可以写入:" + file.canWrite());
System.out.println("文件是否是隐藏文件:" + file.isHidden());
System.out.println("文件大小:" + file.length() + "B");
System.out.println("文件最后修改日期:" + file.length() + "B");
    }
}
```

执行程序,运行结果如图 9-1 所示。

```
Problems  @ Javadoc  Declaration  Console ⊠
<terminated> FilePropertiesDemo (1) [Java Application] C:\Program Files\Java\jdk1.8.0_261\
是否是一个文件: false
是否是一个目录: Test.txt
文件名称: Test.txt
文件的相对路径: E:\Test.txt
文件的绝对路径: E:\Test.txt
文件是否可以读取: false
文件是否可以写入: false
文件是否是隐藏文件: false
文件大小: 0B
文件最后修改日期: 0B
```

图 9-1 运行结果

任务实施

任务分析

在程序中,首先判断目录是否存在,如果访问目录存在,则读取目录下的所有文件,输出文件属性,否则,给出提示信息。

任务实现

请扫描二维码下载任务工单、本任务的程序代码。

任务工单 9-1

任务一的程序代码

程序运行结果如图9-2所示。

```
Console ⊠  Problems  @ Javadoc  Declaration
<terminated> ShowFileExampleDemo [Java Application] C:\Program Files\Java\jre1.8.0_181\bin\
Directory of:D:\eclipse-workspace\JFileChooserExample
.classpath is a file
文件名称：.classpath
文件的相对路径：D:\eclipse-workspace\JFileChooserExample\.classpath
文件的绝对路径：D:\eclipse-workspace\JFileChooserExample\.classpath
文件是否可以读取：true
文件大小：301B
.project is a file
文件名称：.project
文件的相对路径：D:\eclipse-workspace\JFileChooserExample\.project
文件的绝对路径：D:\eclipse-workspace\JFileChooserExample\.project
文件是否可以读取：true
文件大小：395B
.settings is a directory
bin is a directory
java is a directory
src is a directory
```

图9-2　运行结果

任务评价

请扫描二维码查看任务评价标准。

任务评价9-1

任务二　视频复制

教学目标

1. 素养目标

（1）培养学生遵守技术规范和相关法律法规；

（2）培养学生保密意识；

（3）培养学生良好的编程规范和习惯。

2. 知识目标

（1）了解流的概念，理解 Java 中流的分类及其相关知识；

（2）掌握 InputStream 类、OutputStream 类及其主要方法；

（3）掌握 FileInputStream 类、FileOutputStream 类的应用；

（4）掌握 BufferedInputStream 类、BufferedOutputStream 类的应用。

3. 能力目标

（1）能阐述流的概念、明确 Java 中流的分类；

（2）能使用 InputStream 类、OutputStream 类的方法；

（3）能使用 FileInputStream 类、FileOutputStream 类的方法；

（4）能使用 BufferedInputStream 类、BufferedOutStream 类的方法。

任务导入

编写一个程序，将 D 盘下已存在的"src. mp4"视频复制到同目录下，名为"copysrc. mp4"。若视频不存在，则创建该视频，视频复制完成后提示："视频复制共耗时：2 996 毫秒"。

【想一想】

1. 如何读取"src. mp4"文件？如何创建新的视频文件？

2. 如何计算复制视频所用的时间？

视频 9 - 2

（输入/输出流）

知识准备

1. 流的概念

（1）流

流是一个很形象的概念，当程序需要读取数据的时候，就会开启一个通向数据源的流，这个数据源可以是文件、内存，或是网络连接。类似地，当程序需要写入数据的时候，就会开启一个通向目的地的流。这时候可以想象数据好像在这其中"流"动一样，如图 9 - 3 所示。

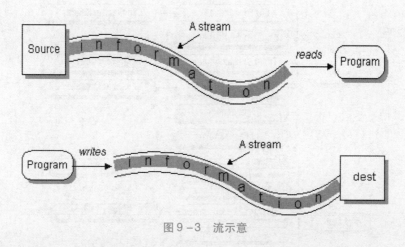

图 9 - 3　流示意

根据操作的类型，流分为两类，分别是输入流和输出流，一个读取数据序列的对象被称为输入流，一个写入数据序列的对象称为输出流。输出流和输入流是相对于程序本身而言的，程序读取数据称为输入流，程序向其他源写入数据称为输出流。

（2）java. io 包

java. io 包中定义了一系列的接口、抽象类、具体类和异常类来描述输入/输出操作，这些接口将程序员与底层操作系统的具体实现细节隔离开来，允许通过文件或者其他方式去访问系统资源。

Java 中的流分为两种：一种是字节流，另一种是字符流。分别由 4 个抽象类来表示（每种流包括输入和输出 2 种，所以一共 4 个）：InputStream、OutputStream、Reader、Writer。Java 中其他多种多样变化的流均是由它们派生出来的，其中，InputStream 和 OutputStream 在早期的 Java 版本中已经存在，它们是基于字节流的，而基于字符流的 Reader 和 Writer 是后来加入作为补充的。图 9 - 4 展示了 java. io 包的复杂结构。

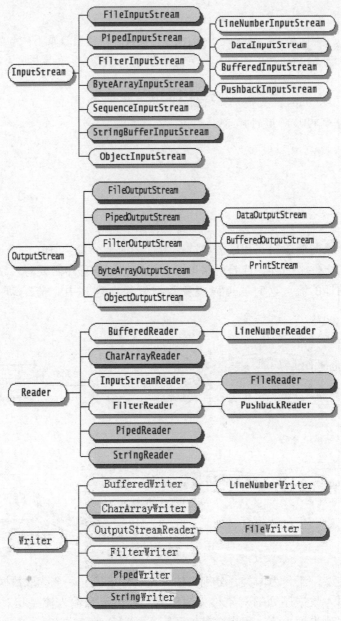

图 9 - 4　java. io 包结构示意图

2. 字节流

字节流是最基本的流，文件的操作、网络数据的传输等都依赖于字节流。字节流主要操作 byte 类型数据，以 byte 数组为准，主要操作类是 OutputStream 和 InputStream。作为抽象类，OutputStream 和 InputStream 必须被子类化才能实现读写操作。

（1）InputStream 类

InputStream 抽象类是表示字节输入流的所有类的父类。该类定义了一个从打开的链接中读取数据的基本接口，定义了操作输入流的各种方法。InputStream 类的常用方法见表 9 - 4。

表 9 – 4 **InputStream** 类的常用方法

方法	说明
public int read( )	读取一个字节，返回值为所读的字节
public int read(byte b[ ])	读取多个字节，放置到字节数组 b 中，通常读取的字节数量为 b，返回值为实际读取的字节的数量
public int read(byte b[ ],int off,int len)	读取 len 个字节，放置到以下标 off 开始的字节数组 b 中，返回值为实际读取的字节的数量
public long skip(long n)	读指针跳过 n 个字节不读，返回值为实际跳过的字节数量
public void close( )	流操作完毕后，必须关闭使用输入流中的标记
public void reset( )	把读指针重新指向用 mark 方法所记录的位置

（2）OutputStream 类

OutputStream 是整个 I/O 包中字节输出流的最大父类。作为抽象类，Java 中有很多该类的子类，它们实现了不同数据的输出流。OutputStream 类的常用方法见表 9 – 5。

表 9 – 5 **OutputStream** 类的常用方法

方法	说明
public void write(int b)	将指定的字节写入此输出流
public void write(byte[ ]b)	将 b. length 个字节从指定的字节数组写入此输出流
public void write (byte [ ] b, int off, int len)	将指定字节数组中从偏移量 off 开始的 len 个字节写入此输出流
public void flush( )	刷新此输出流并强制写出所有缓冲的输出字节
public void close( )	关闭当前输出流并释放与当前输出流相关的所有资源

【例 9 – 2】从键盘接收字符，直到输入字符 x 后停止输入，输出输入的字符串，并统计输出输入的字符数。

```
import java. io. IOException;
public class TestSimpleIO{
    public static void main(String[ ]args)throws IOException
    {
        int b,count =0;
        while((b =System. in. read( ))! = 'x')
        {//从键盘接收字符,逐个赋值给变量b,直到输入字符 x 结束
            count ++;
            System. out. print((char)b);//输出由键盘输入的字符内容
        }
        //统计输入字符数
```

```
        System.out.println("共计输入了" + count + "个字符");
    }
}
```

执行程序，运行结果如图 9 - 5 所示。

图 9 - 5　运行结果

3. 文件字节流

文件字节流是指 FileInputStream 类和 FileOutputStream 类，它们分别继承了 InputStream 类和 OutputStream 类，用来实现对文件字节流的输入/输出处理，它们提供的方法可以直接打开本机上的文件，并进行顺序读写。

（1）FileInputStream 类

FileInputStream 类实现了文件的读取，作为文件字节输入流，重写了父类中所有的方法。FileInputStream 类用于对文件进行输入处理，其数据源和接收器都是文件。FileInputStream 类的常用构造方法为：

①FileInputStream(String filepath)；//filepath 指打开并被读取数据文件的全称路径。

②FileInputStream(File fileObj)；//fileObj 是指被打开并被读取数据的文件。

如果构造方法中的参数 filepath 或 fileObj 不存在，将生成一个 FileNotFoundException，这是一个非运行时异常，必须捕获或声明抛出，否则，编译会出错。

（2）FileOutputStream 类

FileOutputStream 类是把数据写到一个文件或者文件描述符中。FileOutputStream 类用于写入诸如图像数据之类的原始字节的流。要写入字符流，将用到后续讲解的 FileWriter 类。FileOutputStream 类的构造方法为：

①FileOutputStream(File file)；

//创建一个向指定 File 对象表示的文件中写入数据的文件输出流。

②FileOutputStream(File file, boolean append)；

//创建一个向指定 File 对象表示的文件中写入数据的文件输出流。

③FileOutputStream(String filePath)；

//根据指定的文件路径和文件名称，创建关联该文件的文件输出流实例对象。

④FileOutputStream(String filePath, boolean append)；

//创建一个向具有指定 filePath 的文件中写入数据的输出文件流。

【例 9 - 3】使用 FileInputStream 和 FileOutputStream 类方法复制数据。

```
import java.io.*;
public class CopyFileIODemo{
```

```java
public static void main(String[]args){
    //TODO Auto-generated method stub
    FileInputStream fi = null;
    FileOutputStream fo = null;
    //输入文件目录
    String srcFilePath = "D:\\work_space \\javademo \\src.txt";
    //输出文件目录
    String destFilePath = "D:\\work_space \\javademo \\dest.txt";
    try{
        fi = new FileInputStream(srcFilePath);
        fo = new FileOutputStream(destFilePath);
        int by = 0;
        while((by = fi.read()) != -1){
            System.out.print((char)by);
            fo.write(by);
        }
    }catch(FileNotFoundException e){
        e.printStackTrace();
    }catch(IOException e){
        e.printStackTrace();
    }finally{
        try{
            fo.close();
            fi.close();
        }catch(IOException e){
            e.printStackTrace();
        }
    }
}
```

执行程序，运行结果如图 9-6 所示。

```
Problems  @ Javadoc  Declaration  Console
<terminated> CopyFile (1) [Java Application] C:\Program Files\Java\jdk1.8.0_261\bin\javaw.exe
CopyFile Success!
```

图 9-6　运行结果

4. 字节缓冲流

BufferedInputStream 和 BufferedOutputStream 称为字节缓冲流，使用字节缓冲流内置了一

个缓冲区，第一次调用 read 方法时，尽可能多地从数据源读取数据到缓冲区，后续使用 read 方法时先看看缓冲区中是否有数据，如果有，则读缓冲区中的数据，如果没有，再将数据源中的数据读入缓冲区，这样可以减少直接读数据源的次数。通过输出流调用 write 方法写入数据时，也先将数据写入缓冲区，缓冲区满了之后，再写入数据目的地，这样可以减少直接对数据目的地写入次数。使用了缓冲字节流，可以减少 I/O 操作次数，提高效率。

（1）BufferedInputStream 类

BufferedInputStream 是一个套接在字节输入流上面的处理流，能够提高写入速度。BufferedInputStream 类的构造方法为：

BufferedInputStream（InputStream in）创建一个 BufferedInputStream 并保存其参数，即输入流 in，以便将来使用。

BufferedInputStream（InputStream in，int size）创建具有指定缓冲区大小的 BufferedInputStream 并保存其参数，即输入流 in，以便将来使用。

（2）BufferedOutputStream 类

BufferedOutputStream 是一个套接在字节输出流上面的处理流，能够提高输出速度。BufferedOutputStream 类的构造方法为：

BufferedOutputStream（OutputStream out）创建一个新的缓冲输出流，以将数据写入指定的底层输出流。

BufferedOutputStream（OutputStream out，int size）创建一个新的缓冲输出流，以将具有指定缓冲区大小的数据写入指定的底层输出流。

【例 9-4】利用缓冲流复制文件。

```java
import java.io.* ;
public class BufferedIODemo{
    public static void main(String[]args){
        BufferedInputStream in = null;
        BufferedOutputStream out = null;
        try{
            //创建字节缓冲输入流对象,将字节输入流对象放入缓冲区中
            in = new BufferedInputStream(new FileInputStream(new File
("D:\\work_space\\javademo\\src.txt")));
            //创建字节缓冲输出流对象,将字节输出流对象放入缓冲区中
            out = new BufferedOutputStream(new FileOutputStream(new
File("D:\\work_space\\javademo\\dest.txt")));
            int data = in.read();
            while(data!= -1){
                out.write(data);
                data = in.read();
            }
        }catch(IOException e){
            e.printStackTrace();
```

```
        }finally{
            try{
                in. close();
                out. flush();
                out. close();
            }catch(IOException e){
                e. printStackTrace();
            }
        }
    }
}
```

执行程序，src. txt 文件的内容成功复制到 dest. txt 文件中，如图 9-7 所示。

图 9-7 运行结果

任务实施

任务分析

在程序中，记录视频复制的开始时间和结束时间，如果视频存在，则直接复制视频；否则，创建视频文件。最后打印输出复制视频所用的时间。

任务实现

请扫描二维码下载任务工单、本任务的程序代码。

任务工单 9-2

任务二的程序代码

执行程序，在目录 D:\\work_space\\javademo 下生成复制的视频文件，名为 copysrc. mp4，程序运行结果如图 9-8 所示。

Problems @ Javadoc Declaration Console ⌗

\<terminated> CopyAviDemo (1) [Java Application] C:\Program Files\Java\jdk1.8.0_261\bin\javaw.exe

视频复制共耗时：2985毫秒

图 9-8　运行结果

任务评价

请扫描二维码查看任务评价标准。

任务评价 9-2

任务三　文件计数器

教学目标

1. 素养目标

（1）培养学生遵守法律法规意识；

（2）培养学生维护知识产权意识；

（3）培养学生良好的编程规范和习惯。

2. 知识目标

（1）掌握 Reader 类和 Writer 类及其主要方法；

（2）掌握 FileReader 类和 FileWriter 类及其应用；

（3）掌握 Java 中缓冲字符输入/输出流的使用。

3. 能力目标

（1）能使用 Reader 类和 Writer 类的方法；

（2）能使用 FileReader 类和 FileWriter 类的方法；

（3）能使用 BufferedReader 类和 BufferedWriter 类的方法。

任务导入

编写计数器的应用到处可见，比如点击率的统计、访问量的统计等，本任务实现一个计数器的功能。定义一个 Number 类，当第一次执行 Number 类时，会在 E 盘根目录下创建一个 a. txt 的记事本文件，并在里面写入数字 0；以后每执行一次 Number 类，这个记事本文件中的数字就会相应地加 1，即实现了用记事本文件来存储计数器的功能。

【想一想】

1. 如何创建文件存储数字？

2. 程序执行后，如果设置初始值为 0，如何实现每执行一次数据则加 1 功能？

3. 如何读取文件中的当前值？如何把加 1 后的数据写入文件？

视频 9–3
（字符流）

知识准备

1. 字符流

字符流是用于对以字符为单位的数据进行读取和写入的流类。Reader
和 Writer 是用于读取文本类型的数据或字符串流的父类，定义了基本的方
法，其子类根据自身特点实现或重写这些方法。

（1）Reader 类

Reader 类是所有字符输入流类的父类，该类定义了许多方法。Reader 类的常用方法有：

①int read()；//读取一个字符，返回值为所读的字符。

②int read(char b[])；/*读取多个字符，放置到字符数组 b 中，通常读取的字符数量
为 b 的长度，返回值为实际读取的字符的数量。*/

③int read(char b[],int off,int len)；/*读取 len 个字符，放置到以下标 off 开始的字符
数组 b 中，返回值为实际读取的字符的数量。*/

（2）Writer 类

Writer 抽象类是表示字符输出流的所有类的父类。定义了操作字符输出流的各种方法。
Writer 类的常用方法有：

①void write(int b)；//将指定的字符写入此输出流。

②void write(char[]b)；//将 b. length 个字符从指定的字符数组写入此输出流。

③void write(char[]b,int off,int len)；/*将指定字符数组中从偏移量 off 开始的 len 个
字符写入此输出流。*/

④void flush()；//刷新此输出流，并强制写出所有缓冲的输出字符。

⑤void close()；//关闭当前输出流，并释放与当前输出流相关的所有资源。

2. 文件字符流

文件字符流是指 FileReader 类和 FileWriter 类，用来实现对文件字符流的输入/输出处
理，它们提供的方法可以直接打开本机上的文件，并进行顺序读写。使用 FileOutputStream
类向文件中写入数据，使用 FileInputStream 类读数据，这两个类都只提供了对字节或字节数
组的读取方法。由于汉字在文件中占用两个字节，如果使用字节流，若读取不好，则可能会
出现乱码现象。此时使用字符流 FileReader 类或 FileWriter 类即可避免这种现象。

（1）FileReader

与文本输出用 FileWriter 类对应的，文本输入用的是 FileReader 类。该类实现了从文件
中读取字符数据，其所有方法都是从 Reader 类中继承的。常用的构造方法有：

①FileReader(File file)；/*根据给定要读取数据的文件创建一个新的 FileReader 对象。
其中，file 表示要从中读取数据的文件。*/

②FileReader(String fileName)；/*根据给定从中读取数据的文件名创建一个新的
FileReader 对象。其中，fileName 表示要从中读取数据的文件的名称，表示的是一个文件的
完整路径。*/

尽管 FileReader 类有一个读单个字符的方法，但是却没有读入一行的方法。为此，

FileReader 对象通常被包裹在 BufferedReader 的对象中，因为 BufferedReader 定义了一个 read-Line 方法。

使用 FileReader 类从文本文件中读取的基本模式如下：

```
try{
BufferedReader reader = new BufferedReader(new FileReader("…文件名
…"));
String line = reader. readLine();
while(line! = null){
    //对行进行处理
    line = reader. readLine();
}
reader. close();
}
```

（2）FileWriter

FileWriter 类是文件写入字符流类，它是 Writer 的子类。该类实现将字符数据写入文件中。常用的构造方法有：

①FileWriter(File file)；//根据指定 File 对象构造一个 FileWriter 对象。

②FileWriter(String fileName)；/* 根据指定文件名构造一个 FileWriter 对象。其中，fileName 表示要写入字符的文件名，表示的是完整路径。*/

使用 FileWriter 类基本模式如下：

```
try{
FileWriter writer = new FileWriter("…文件名…");
while(要写入更多文本){
    …
    writer. write(文本的下一部分);
    …
}
writer. close();
}
catch(IOException e){
//读取文件出错
}
```

【例 9 – 5】编写一个程序，将 D 盘下已存在的 "Hello. txt" 文件的所有内容复制到新建文件 "NewHello. txt" 中。若文件不存在，则创建该文件，文件复制完成后提示："文件已复制"。代码如下：

```
import java. io. FileReader;
import java. io. FileWriter;
```

```
import java.io.IOException;
public class CopyFileRWDemo{
    public static void main(String[]args){
        int b = 0;
        FileReader in = null;
        FileWriter out = null;
        try{
            //Hello.txt 文本文件在 D 盘根目录下
            in = new FileReader("D:\\work_space\\javademo\\Hello.txt");
            out = new FileWriter("D:\\work_space\\javademo\\NewHello.txt");
            while((b = in.read())!= -1){
                out.write(b);
            }
            out.close();
            in.close();
        }catch(IOException e1){
            System.out.println("文件复制错误");
            System.exit(-1);
        }
        System.out.println("文件已复制");
    }
}
```

执行程序，运行结果如图9-9所示。

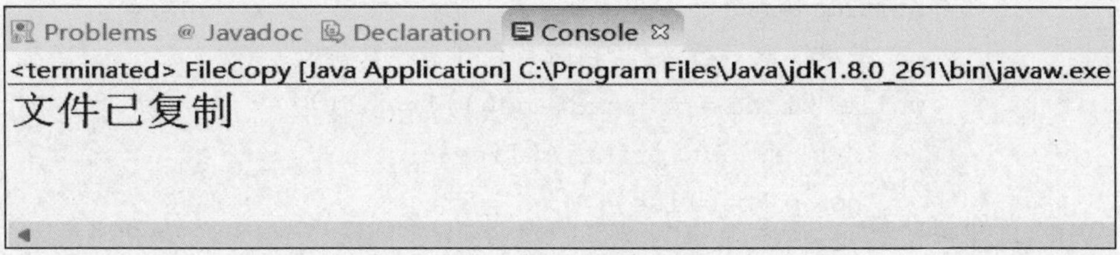

图9-9 运行结果

3. 字符缓冲流

（1）BufferedReader 类

BufferedReader 类是 Reader 的子类，该类能够以行为单位读取文本数据，通过向 BufferedReader 传递一个 Reader 对象，来创建一个 BufferedReader 对象。FileReader 类没有提供读取文本行的功能；BufferedReader 类带有缓冲区，将一批数据读到内存缓冲区，用户直接从缓冲区中获取数据，而不需要每次都从数据源读取数据，从而提高了数据读取的效率。

其主要构造方法为：

```
//根据 Reader 对象创建一个 BufferReader 对象。
BufferReader(Reader in);
```

（2）BufferedWriter 类

BufferedWriter 类是 Writer 类的子类，实现以行为单位写入数据。该类也带有缓冲区，将一批数据写入缓冲区，当缓冲区满了以后，将缓冲区的数据一次性写到字符输出流，提高数据的写效率。其主要方法为：

①BufferedWriter(Writer out)；//创建一个 BufferedWriter 缓冲输出流对象。

该类提供一个换行方法：

②void newLine()；//根据当前的系统，写入一个换行符。

【例 9 - 6】利用 BufferReader 读取文本文件 bufferedReader_test. txt 中的内容，并通过缓冲输出流写入 bufferedWriter_test. txt 文本文件中。代码如下：

```
import java.io. * ;
public class BufferedRWDemo{
    public static void main(String[ ]args){
        try{
            FileReader fr = new FileReader("D:\\work_space\\javademo\\
bufferedReader_test.txt");
            /* 创建一个 BufferedReader 对象*/
            BufferedReader br = new BufferedReader(fr);
            FileWriter fw = new FileWriter("D:\\work_space\\javademo\\
bufferedWriter_test.txt");
            /* 创建一个 BufferedWriter 对象*/
            BufferedWriter bw = new BufferedWriter(fw);
            String line;
            /* 每次读取一行数据,判断是否到文件末尾*/
            while((line = br.readLine())!= null){
                System.out.println(line);
                bw.write(line);
                //写入一个换行符
                bw.newLine();
            }
            /* 流的关闭*/
            br.close();
            bw.close();
        }catch(IOException e){
            System.out.println("文件不存在!");
```

```
                    }
                }
            }
```

执行程序后,在 D:\\work_space\\javademo 目录下新建文件 bufferedWriter_test. txt,内容如图 9-10 所示。

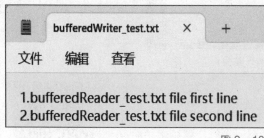

图 9-10 运行结果

任务实施

任务分析

根据任务描述得知,本任务的目标是实现文件计算器,通过所学的知识,可以使用下列思路实现。

视频 9-4
(文件计数器
任务实施)

1. 定义 File 文件类对象,利用它来判断指定路径的文件是否存在,如果不存在,则创建该文件;

2. 选择一种输出流,使用输出流向创建的记事本文件中写入计数器初始值 0;

3. 使用输入流读取计数器的值,将其加 1 运算后,再使用输出流将运算后的结果写入记事本文件中;

4. 对程序中可能产生异常的程序进行捕获,关闭输入流与输出流。

任务分析

在程序中,首先判断目录是否存在,如果访问目录存在,则读取目录下的所有文件,输出文件属性,否则,给出提示信息。

任务实现

请扫描二维码下载任务工单、本任务的程序代码。

任务工单 9-3

任务三的程序代码

第一次运行该程序,会在 E 盘根目录下创建一个记事本文件 a. txt,并在其中写入计数器的初始值 0。当多次执行该文件时,记事本中的数值就会相应地增加,实现了计数器的功能。程序运行结果如图 9-11 所示。

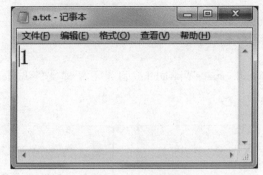

图 9 – 11　运行结果

任务评价

请扫描二维码查看任务评价标准。

任务评价 9 – 3

任务四　企业典型实践项目实训

实训　超市管理系统的员工异常签到统计

1. 需求描述

超市员工每天到岗后都需要签到，每天签到的数据记录在 kaoqin. txt 文件中。超市管理人员要求员工签到时间在上午 8 点之前，超过 8 点签到的都视为迟到。为了方便超市管理人员查看员工的签到情况，超市管理系统中设置了异常签到统计功能，可以读取员工的签到数据，并将迟到的签到信息作为异常签到信息写入文件 kaoqin_late 中。本任务要求完成上述描述的异常签到统计功能。具体效果如图 9 – 12 所示。

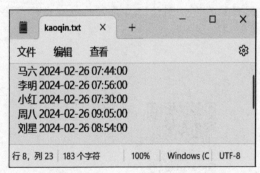

图 9 – 12　运行结果

2. 实训要点

掌握文件读取、写入的方法。

3. 实现思路及步骤

根据任务描述得知，本任务的目标是异常签到统计，通过所学知识，可以使用下列思路实现。

①读取签到信息。员工签到信息都在文件 kaoqin. txt 中，且每个签到信息都独自占用一行，可以使用 BufferedReader 类的 readLine( ) 方法对签到信息进行读取，每次读取一行完整的签到信息。

②判断签到信息。从签到数据的格式可以看出，签到数据由"员工信息＋制表符＋签到时间"组成。可以将读取的每行签到数据根据制表符进行切割，以获取单独的签到时间，如果签到时间在指定时间之后，需要将该签到数据写入文件 kaoqin_late 中。

③写入异常签到信息。如果存在异常签到信息，需要将该异常信息单独存放在一行。可以使用 BufferedWriter 类将异常签到信息写入 kaoqin_late. txt 中，每写完一条异常签到信息后，使用 newLine( ) 方法换行。

4. 编程实现

请扫描二维码下载任务工单、本任务的程序代码。

任务工单 9 – 4

任务四的程序代码

执行程序，异常签到统计信息写入文件 kaoqin_late. txt 中，程序运行结果如图 9 – 13 所示。

图 9 – 13 运行结果

【试一试】

请动手测试一下员工异常签到统计功能。

实训评价

请扫描二维码查看任务评价标准。

任务评价 9 – 4

知识拓展

Java 对象的序列化就是通过序列化流 ObjectOutputStream 将对象转化为 byte 序列，反之，称为反序列化 ObjectInputStream。

对象必须实现了序列化接口 Serializable 才能进行序列化，否则会报错。如果父类实现了序列化接口，则其子类不需要再实现。在子类对象进行反序列化操作时，如果其父类没有实现接口，父类的构造函数将会被调用。

例如：实现一个 Student 类，并将其对象序列化为 obj. dat 文件及从该文件中读取对象。

模块训练

知识拓展 9 - 1

一、填空题

1. 在 Java 语言中，I/O 类被分割为输入流和输出流两部分，所有的输入流都是从抽象类 InputStream 和_____继承而来的，所有输出流都是从_____和 Writer 继承而来的。

2. 用于创建一个字节缓冲输出流对象的类是_____。

二、选择题

1. 字符输出流是（　　　）。

A. OutputStream 或 Writer 的子类　　　B. OutputStream 的子类

C. Writer 的子类　　　　　　　　　　D. Output 的子类

2. Character 流与 Byte 流的区别是（　　　）。

A. 每次读入的字节数不同　　　　　　B. 前者带有缓冲，后者没有

C. 前者是字符读写，后者是字节读写　D. 二者没有区别，可以互换使用

三、简答题

1. 简述字符流和字节流的区别。

2. 编写一段代码，实现以下功能：把键盘输入的数据写入 D 盘文件 test. txt 中。

模块十

数据库编程

模块情境描述

　　软件技术专业大一学生小王对 Java 语言非常感兴趣，已经在尝试进行 Java 图形界面程序开发。但他发现，程序每次运行时，之前界面中输入的数据都丢失了，并且也无法查询这些数据。这种情况如果没有得到有效解决，可能会导致程序在现实中无法发挥应有的作用。那么，在设计界面程序时，如何对输入的数据进行有效保存，并进行查询呢？小王上网搜索到 Java 语言提供的数据库编程技术，可以有效解决程序中数据保存的问题。

　　数据库编程就是通过编写应用程序的方式，让应用程序作为数据库的客户端进行数据库操作。随着数据库技术的广泛应用，开发各种数据库应用程序已成为计算机应用的一个重要方面。Java 语言可以实现与大多数主流数据库的连接和操作编程。MySQL 数据库是目前应用最广泛的免费开源数据库之一。作为一名 Java 程序员，掌握数据库知识和访问数据库技术的方法，学习如何使用 Java 语言结合数据库进行编程是非常重要的。

　　本模块共有两个任务，希望通过任务学习，让学习者了解 MySQL 数据库基础知识、JDBC 概念、JDBC 工作机制、JDBC 驱动程序分类及独立于数据库的统一 API 接口，理解JDBC 连接数据库的步骤，掌握 JDBC 连接数据库及基于 MySQL 数据库的数据增、删、改、查操作编程等内容。通过项目实训进一步理解 Java 数据库编程知识，掌握 Java 数据库编程过程。希望通过本模块的学习，能够帮助学习者养成良好的编码习惯，培养良好的职业道德和职业品质，同时，具备较高的数据库设计及编程技能，提高安全意识，做到遵纪守法。

　　本模块任务知识点如下：

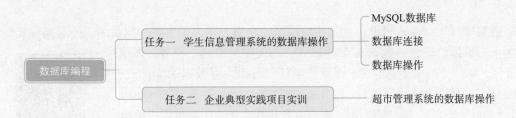

任务一 学生信息管理系统的数据库操作

◎ 教学目标

1. 素养目标

（1）培养学生良好的编程规范和习惯；

（2）培养学生良好的职业道德和职业品质；

（3）培养学生具备较强的安全意识，做到遵纪守法。

2. 知识目标

（1）了解 MySQL 数据库基础知识；

（2）了解 JDBC 的概念、工作机制、驱动程序分类；

（3）理解 JDBC 访问数据库的步骤；

（4）掌握数据库编程涉及的类；

（5）掌握数据库的增、删、改、查等基本操作编程语句。

3. 能力目标

（1）能完成 MySQL 数据库的安装和基本操作；

（2）能编写数据库连接程序；

（3）能运用数据库操作语句编写处理数据的程序。

◎ 任务导入

编程实现一个简单的具有图形用户界面的学生信息管理系统。

（1）程序能显示所有学生的信息；

（2）程序能根据关键字进行查询；

（3）程序能增加信息、修改信息和删除信息等。

【想一想】

1. 要使用 MySQL 数据库保存信息，开始编写程序之前，要做哪些工作？

2. 学生信息管理系统中，对信息的处理有哪些基本操作？

◎ 知识准备

1. MySQL 数据库

数据库（Database，DB）就是存放数据的仓库，是为了实现一定目的，按照某种规则组织起来的数据的集合。数据有多种形式，如文字、数码、符号、图形、声音等，从广义的角度上定义，计算机中任何可以保存数据的文件或者系统都可以称为数据库，如一个 Word 文件等。常见数据库有 Oracle、SQL Server、MySQL 等，本模块以 MySQL 数据库为例来讲解数据库编程。

请扫二维码学习 MySQL 数据库的下载、安装、配置、访问操作，以及创建数据库 xsgl 和数据库表 student 的操作说明。

任务一　MySQL 数据库使用说明

2. 数据库连接

视频 10 – 1
（JDBC 数据库连接）

Java 语言提供了一个非常有效的数据库开发工具——JDBC（Java DataBase Connectivity，Java 数据库连接）来支持针对数据库的操作。

JDBC 是一个独立于特定数据库管理系统的、通用的 SQL 数据库存取和操作的公共接口（Application Programming Interface，API），定义了用来访问数据库的标准 Java 类库，使用这个类库能够以一种标准的方法方便地访问数据库资源（在 java. sql 包和 javax. sql 包中）。用 JDBC 编写的程序能够自动地将 SQL 语句传送给相应的数据库管理系统，并且程序可在任何支持 Java 的平台上运行，不必在不同的平台上编写不同的应用，增强了数据库的访问能力，大幅简化和加快了开发过程。

JDBC 的体系结构如图 10 – 1 所示。在体系结构中，JDBC API 屏蔽了不同的数据库驱动程序之间的差别，为开发者提供了一个标准的、纯 Java 的数据库程序设计接口，为在 Java 中访问不同类型的数据库提供技术支持。驱动程序管理器（Driver Manager）为应用程序装载数据库驱动（JDBC Driver），数据库驱动程序是与具体的数据库相关的，由数据库开发商提供，用于向数据库提交 SQL 请求，完成对数据库的访问。

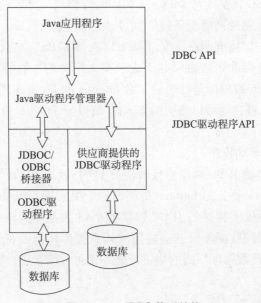

图 10 – 1　JDBC 体系结构

（1）JDBC 接口 API

JDBC 接口 API 包含两层：JDBC API 和 JDBC 驱动程序 API。

• JDBC API：抽象接口，负责与 JDBC 驱动程序管理器 API 进行通信，供应用程序开发人员使用（连接数据库，发送 SQL 语句，处理结果）。

• JDBC 驱动程序 API：JDBC 驱动程序管理器与实际连接到数据库的第三方驱动程序进行通信（执行 SQL 语句，返回查询信息），供各开发商开发数据库驱动程序（JDBC Driver）使用。JDBC Driver 是一个类的集合，实现了 JDBC 所定义的类和接口，提供了一个能实现

java. sql. Driver 接口的类。

作为编程者，要学习的是面向应用的 API，即如何在程序中编写代码，调用 JDBC API 实现对数据库的连接，执行 SQL 语句等操作。

（2）JDBC 驱动程序

目前比较常见的 JDBC 驱动程序可分为以下四种：

- JDBC – ODBC 桥接器

JDBC – ODBC 桥接方式利用微软的开放数据库互连接口 ODBC API 与数据库服务器进行通信，客户端计算机首先应该安装并配置 ODBC Driver 和 JDBC – ODBC Bridge 两种驱动程序。这种类型的驱动程序最适用于企业网。

- 本地 API

这种类型的驱动程序把客户机 API 上的 JDBC 调用转换为 Oracle、Sybase、Informix、DB2 或其他 DBMS 的调用。注意，像桥接器驱动程序一样，这种类型的驱动程序要求将某些二进制代码加载到每台客户机上。这种驱动方式将数据库厂商的特殊协议转换成 Java 代码及二进制代码，使 Java 数据库客户方与数据库服务器方进行通信。例如，Oracle 用 SQLNet 协议，DB2 用 IBM 的数据库协议。数据库厂商的特殊协议也应该被安装在客户机上。

- JDBC 网络纯 Java 驱动程序。

这种驱动程序将 JDBC 转换为与 DBMS 无关的网络协议，之后这种协议又被某个服务器转换为一种 DBMS 协议。这种网络服务器中间件能够将它的纯 Java 客户机连接到多种不同的数据库上。数据库客户以标准网络协议（如 HTTP、HTTPS）与数据库访问服务器进行通信，数据库访问服务器将标准网络协议翻译成数据库厂商的专有特殊数据库访问协议（也可能用到 ODBC Driver）与数据库进行通信。对 Internet 和 Intranet 用户而言，这是一个理想的解决方案。Java Driver 被自动地以透明的方式随 Applets 自 Web 服务器下载并安装在用户的计算机上。

- 本地协议纯 Java 驱动程序。

这种类型的驱动程序将 JDBC 调用直接转换为 DBMS 所使用的网络协议。这将允许从客户机上直接调用 DBMS 服务器，是 Intranet 访问的一个很实用的解决方法。这种方式也是纯 Java 驱动。数据库厂商提供了特殊的 JDBC 协议使 Java 数据库客户与数据库服务器进行通信。然而，将把代理协议同数据库服务器通信改用数据库厂商的特殊 JDBC 驱动。这对 Intranet 应用是高效的，但是数据库厂商的协议可能不被防火墙支持，因此，在 Internet 应用中会存在安全隐患。

（3）JDBC 访问数据库的步骤

①安装 JDBC 驱动。只有正确安装了驱动，才能进行其他数据库操作。具体安装时，根据需要选择数据库，加载相应的数据库驱动。

②连接数据库。数据库驱动安装好后，即可建立数据库连接。只有建立了数据库连接，才能对数据库进行具体的操作、执行 SQL 指令等。连接数据库时，首先需要定义数据库连接 URL，根据 URL 提供的连接信息建立数据库连接。

③处理结果集。对数据库的操作完成后，可能还需要处理其执行结果。对于查询操作而言，返回的查询结果可能为多条记录。JDBC 的 API 提供了具体的方法对结果集进行处理。

④关闭数据库连接。对数据库访问完毕后，需要关闭数据库连接，释放相应的资源。

（4）JDBC 的接口和类

由前述内容可知，JDBC 主要完成三个方面的工作：建立与数据库的连接；向数据库发送 SQL 语句；处理数据库返回结果。这些功能由一系列 API 实现，其中主要的接口有驱动程序管理器 DriverManager、连接 Connection、SQL 语句 Statement 和结果集 ResultSet。

①驱动程序管理器 DriverManager。

DriverManager(java. sql. DriverManager) 类为驱动程序管理器类。要访问数据库中的数据，需要与数据库建立连接。DriverManager 类负责建立和管理应用程序与驱动程序之间的连接。

用 Class. forName( ) 语句完成驱动程序的加载和注册后，就可以用 DriverManager 类来建立 Java 程序和数据库的连接。

例如：

```
Class. forName( "com. mysql. jdbc. Driver");/* MySQL6 以后用 com. mysql. cj. jdbc. Driver*/
conn = DriverManager. getConnection(url,"root","123456");
```

建立与数据的连接，首先要创建指定数据库的 URL，设定数据库的来源。数据库的 URL 对象与网络资源的统一资源定位类似，格式如下：

```
jdbc:subProtocol:subName:∥hostname:port;DatabaseName = XXX;
```

这里有几部分，它们用冒号隔开：
- jdbc：协议，这里它是唯一的，JDBC 只有这一种协议。
- subProtocol：子协议，主要用于识别数据库驱动程序。不同数据库的子协议不同。
- subName：子名，与专有的驱动程序有关，不同的驱动程序可以采用不同的子名。
- hostname：主机名。
- port：相应的连接端口。
- DatabaseName：连接的数据库名。

例如：

```
String url = "jdbc:mysql:∥localhost:3306/xsgl";
```

对于不同的数据库，厂商提供的驱动程序和连接 URL 都不同，见表 10 - 1。

表 10 - 1　数据库驱动程序和 URL

数据库	驱动程序	URL
MSSQL Server 2000	com. Microsoft. sqlserver. SQLServerDriver	jdbc:Microsoft:sqlserver:∥[ip]:[port]; user = [user]; password = [password]
Oracle oci8	oracle. jdbc. driver. OracleDriver	jdbc:oracle:oci8:@ [sid]
Oracle thin Driver	oracle. jdbc. driver. OracleDriver	jdbc:oracle:thin:@ [ip]:[port]:[sid]
JDBC - ODBC	Sun. jdbc. odbc. JdbcOdbcDriver	jdbc:odbc:[obccsource]
MySQL	Org. git. mm. mysql. Driver	jdbc:mysql:/ip/database,user,password

DriverManager 类的主要方法见表 10 – 2。

表 10 – 2　DriverManager 类的主要方法

方法	功能
Connection getConnection(String url)	建立和数据库的连接。url 是连接数据库的 URL
Connection getConnection (String url, String user, String password)	建立和数据库的连接。url 是连接数据库的 URL，user 是用户名，password 是用户密码
void deregisterDriver(Driver driver)	删除已有的数据库驱动程序
Driver getDriver(String url)	获取指定的驱动程序
Enumeration getDrivers( )	列举出所有的驱动程序

②连接 Connection。

Connection(java. sql. Connection) 类用来表示数据连接的对象，对数据库的一切操作都是在这个连接的基础上进行的。它将应用程序连接到特定的数据库。用户可绕过 JDBC 管理层直接调用 Driver 方法。这在以下特殊情况下将很有用：当两个驱动器可同时连接到数据库中，而用户需要明确地选用其中特定的驱动器时。但一般情况下，让 DriverManager 类处理打开链接则更为简单。

下述代码显示如何打开一个位于 URL "jdbc:mysql:∥localhost:3306/xsgl" 的数据库的链接。所用的用户标识符均为 "root"，口令均为 "123456"：

```
String url = "jdbc:mysql:∥localhost:3306/xsgl";
Connection con = DriverManager. getConnection(url,"root","123456");
```

Connection 接口的主要成员方法见表 10 – 3。

表 10 – 3　Connection 接口的主要成员方法

方法	功能
Statement createStatement( )	创建一个 Statement 对象
void commit( )	提交对数据库的改动并释放当前链接的锁
void rollback( )	回滚当前事务中所有改动并释放持有的数据库锁
void setReadOnly( )	设置链接的只读模式
void close( )	立即释放链接对象的数据库和 JDBC 资源

③SQL 语句 Statement。

Statement(java. sql. Statement) 类提供执行数据库操作的方法。其对象的主要功能是将 SQL 命令传送给数据库，并将 SQL 命令的执行结果返回。

它是一个接口的定义，其中包括了执行 SQL 语句和获取返回结果的方法，见表 10 – 4。

表 10 - 4 Statement 对象的主要方法

方法	功能
boolean execute(String Sql)	执行该方法参数中指定的 SQL 语句
ResultSet executeQuery(String Sql)	执行一个查询语句
int executeUpdate(String Sql)	执行更新操作

例如，创建一个 Statement 对象。

建立了到特定数据库的链接之后，就可用该链接发送 SQL 语句。Statement 对象用 Connection 的方法 createStatement 创建，如下列代码段所示：

```
String url = "jdbc:mysql://localhost:3306/xsgl";
Connection con = DriverManager. getConnection(url,"root","123456");
Statement stmt = con. createStatement();
```

为了执行 Statement 对象，被发送到数据库的 SQL 语句将被作为参数提供给 Statement 的方法：

```
ResultSet rs = stmt. executeQuery ( " SELECT  Sno, Sname, Sage  FROM
student");
```

注意：Statement 对象本身不包含 SQL 语句，因而必须给 Statement. execute 方法提供 SQL 语句作为参数。

④ PreparedStatement。

PreparedStatement 类继承了 Statement 接口。PreparedStatement 语句中包含预编译的 SQL 语句，因此可以获得更高的执行效率。特别是当需要反复调用某些 SQL 语句时，使用 PreparedStatement 语句具有明显优势。

另外，PreparedStatement 语句中，可以包含多个"?"代表的字段，在程序中利用 set 方法设置该字段的内容，从而增强了程序的动态性。

对象的创建方法为：

```
PreparedStatement pstm = con. prepareStatement(…);
```

示例：

```
try{
    PreparedStatement pstm = connection. prepareStatement ( " update
student
    set Sdep = ?   where  Sno = ?");
    pstm. setString(1,"信息工程系");
    for(int i = 0;i < 50;i ++){
        pstm. setInt(2,i);
```

```
        ResultSet rs = pstm. executeQuery();
    }
}catch(SQLException e){…}
```

这个例子将 student 表中 Sno 学号为 1 ~ 50 的学生的系别设置为"信息工程系"。

⑤结果集 ResultSet。

ResultSet(java. sql. ResultSet) 类用来暂时存放查询操作返回的数据结果集（包括行、列）。它包含符合 SQL 语句条件的所有行，使用 get( ) 方法对这些行的数据进行访问。

对象的创建方法为：

```
Connection con = DriverManager. getConnection(urlString);
Statement stm = con. createStatement();
ResultSet rs = stm. executeQuery(sqlString);
```

示例：

```
Connection con = DriverManager. getConnection ( "jdbc: mysql://local-
host:3306/xsgl");
Statement stm = con. createStatement();
ResultSet rs = stm. executeQuery("select* from student");
rs. getInt("Sno");
```

从 ResultSet 对象中获得结果集后，可以通过移动指针的方法访问结果集中的一行。ResultSet 使 cursor 指针总是指向当前数据行，指针最初位于第一行之前。

示例：

```
While(rs. next()){
    System. out. print("name:" + rs. getString("Sname"();
    System. out. print("age:" + rs. getInt("Sage"();
    System. out. print("major:" + rs. getFloat("Sdept"();
    System. out. println();
}
```

此外，DatabaseMetadata 类（java. sql. DatabaseMetadata）和 ResultSetMetadata 类（java. sql. ResultSetMetadata）用于查询结果集、数据库和驱动程序的元数据信息。

Connection 提供了 getMetadata( ) 方法来获得数据库的元数据信息，它返回的是一个 DatabaseMetadata 对象。通过 DatabaseMetadata 对象，可以获得数据库的各种信息，如数据库厂商信息、版本信息、数据表数目、每个数据表名称，例如 getDatabaseProductName( )、getDatabaseProductVersion( )、getDriverName( )、getTables( ) 等。

【例 10 - 1】连接数据库 xsgl。

①首先下载 MySQL 的驱动程序（注意版本系统位数）。

官网下载地址为 http://dev. mysql. com/downloads/connector/j/，如图 10 - 2 所示。

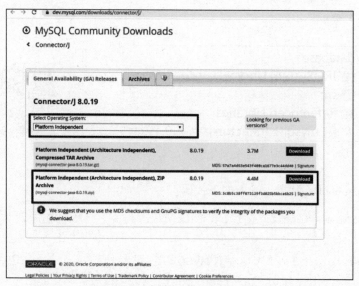

图 10 - 2　MySQL 驱动下载

下载后，对压缩包进行解压。

②在 Eclipse 中，选中相应的工程，加载驱动，如图 10 - 3 所示。

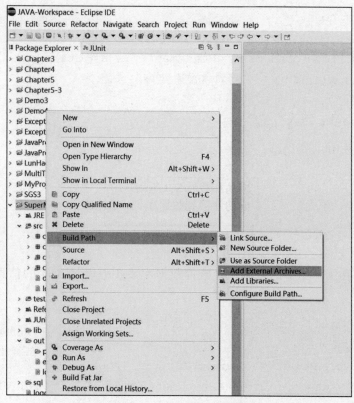

图 10 - 3　加载 JDBC 驱动

在弹出的对话框中选择解压之后的 mysql - connector - java - 8. 0. 19. jar 文件，驱动添加

完成，如图 10 - 4 所示。

```
database
  JRE System Library [JavaSE-1.8]
  src
  Referenced Libraries
    mysql-connector-java-8.0.19.jar
```

图 10 - 4   添加驱动之后

例 10 - 1 代码

③新建 ConnectionDemo 类，输入如下代码。

```
Class. forName("com. mysql. cj. jdbc. Driver");/* MySQL6 版本以后使用的字
符串*/
System. out. println("成功加载 MySQL 驱动!");
String url = "jdbc:mysql://localhost:3306/xsgl? serverTimezone = UTC";
/* JDBC 的 URL,在数据库驱动的 URL 后加上 serverTimezone = UTC 参数,否则,
MYSQL 连接数据库时,提示系统时区出现错误*/
/* 调用 DriverManager 对象的 getConnection()方法,获得一个 Connection 对
象*/
Connection conn;
conn = DriverManager. getConnection(url,"root","123456");
Statement stmt = conn. createStatement();//创建 Statement 对象
System. out. print("成功连接到数据库!");
stmt. close();
conn. close();
```

运行结果如图 10 -5 所示。

```
成功加载MySQL驱动!
成功连接到数据库!
```

图 10 - 5   例 10 - 1 运行结果

【例 10 - 2】 在例 10 - 1 的基础上，查询数据库 xsgl 中表 student 的信息，将结果显示出来。

```
Class. forName("com. mysql. cj. jdbc. Driver");
Connection conn;
conn = DriverManager. getConnection(url,"root","123456");
Statement stmt = conn. createStatement();//创建 Statement 对象
String sql = "select* from student";     //要执行的 SQL
ResultSet rs = stmt. executeQuery(sql);//创建数据对象
```

```
System. out. println();
System. out. println("学号" + "\t" + "姓名" + "\t" + "性别" + "\t" + "年龄"
+ "\t" + "专业");
while(rs. next()){
    System. out. print(rs. getString(1) + "\t");
    System. out. print(rs. getString(2) + "\t");
    System. out. print(rs. getString(3) + "\t");
    System. out. print(rs. getInt(4) + "\t");
    System. out. print(rs. getString(5) + "\t");
    System. out. println();
}
rs. close();
stmt. close();
conn. close();
```

例 10 - 2 代码

运行结果如图 10 - 6 所示。

```
成功加载MySQL驱动!
成功连接到数据库!
学号      姓名      性别      年龄      专业
2020001 Tom      男        18       计算机应用
```

图 10 - 6　运行结果

3. 数据库操作

（1）数据插入

在对数据库的操作中，经常向表中增加记录。SQL 语句中增加记录的
语法格式如下所示，其中，如果不指定字段列表，值列表中需要对应表的
所有字段。

视频 10 - 2
（数据库操作）

```
insert into 表名(字段列表)values('值列表');
```

【例 10 - 3】在数据表 student 中添加 1 条记录，在控制台显示整个表的信息。

```
Class. forName("com. mysql. cj. jdbc. Driver");
String url = " jdbc: mysql://localhost: 3306/xsgl? serverTimezone =
UTC";
Connection conn;
conn = DriverManager. getConnection(url,"root","123456");
```

```
Statement stmt = conn. createStatement( );//创建 Statement 对象
String sql1 = "insert into student(Sno,Sname,Ssex,Sage,Sdept)
values('2020002','李明','男',19,'软件技术')";
stmt. executeUpdate(sql1);
String sql2 = "select* from student";        //要执行的 SQL
ResultSet rs = stmt. executeQuery(sql2);//创建数据对象
System. out. println( );
System. out. println("学号" + "\t" + "姓名" + "\t" + "性别" + "\t" + "年龄" +
"\t" + "专业");
while(rs. next( )){
System. out. print(rs. getString(1) + "\t");
System. out. print(rs. getString(2) + "\t");
System. out. print(rs. getString(3) + "\t");
System. out. print(rs. getInt(4) + "\t");
System. out. print(rs. getString(5) + "\t");
System. out. println( );
}
rs. close( );
stmt. close( );
conn. close( );
```

例 10 - 3 代码

运行结果如图 10 - 7 所示。

```
成功加载MySQL驱动！
成功连接到数据库！
学号        姓名      性别      年龄      专业
2020001  Tom       男        18        计算机应用
2020002  李明      男        19        软件技术
```

图 10 - 7   运行结果

【例 10 - 4】使用 PreparedStatement 类进行带参数插入数据。

```
Class. forName("com. mysql. cj. jdbc. Driver");
String url = "jdbc:mysql://localhost:3306/xsgl? serverTimezone = UTC";
Connection conn;
conn = DriverManager. getConnection(url,"root","123456");
Statement stmt = conn. createStatement( );//创建 Statement 对象
String sql1 = "insert into student(Sno,Sname,Ssex,Sage,Sdept)
values(?,?,?,?,?)";        //定义 SQL 语句
```

```
PreparedStatement ps = conn. prepareStatement(sql1);
ps. setString(1,"2020003");//给第一个参数赋值
ps. setString(2,"王艳");//给第二个参数赋值
ps. setString(3,"女");//给第三个参数赋值
ps. setInt(4,20);//给第四个参数赋值
ps. setString(5,"网络技术");//给第五个参数赋值
ps. executeUpdate();//执行 SQL 语句
String sql2 = "select* from student";   //要执行的 SQL
ResultSet rs = stmt. executeQuery(sql2);//创建数据对象
System. out. println();
System. out. println("学号"+"\t"+"姓名"+"\t"+"性别"+"\t"+"年龄"+
"\t"+"专业");
while(rs. next()){
System. out. print(rs. getString(1) +"\t");
System. out. print(rs. getString(2) +"\t");
System. out. print(rs. getString(3) +"\t");
System. out. print(rs. getInt(4) +"\t");
System. out. print(rs. getString(5) +"\t");
System. out. println();
}
rs. close();
stmt. close();
conn. close();
```

例 10 - 4 代码

运行结果如图 10 - 8 所示。

```
成功加载MySQL驱动!
成功连接到数据库!
学号        姓名      性别      年龄       专业
2020001 Tom       男        18        计算机应用
2020002 李明      男        19        软件技术
2020003 王艳      女        20        网络技术
```

图 10 - 8   运行结果

（2）数据修改
数据库的操作经常需要修改表的记录，SQL 语句中修改记录的语法格式如下：

update   表名 set 字段名 = 数值 where 条件;

【例 10 - 5】修改表 student 中姓名为"李明"的记录，将其专业改为"大数据技术与应用"。

```
Class. forName("com. mysql. cj. jdbc. Driver");
String url = "jdbc:mysql://localhost:3306/xsgl? serverTimezone = UTC";
Connection conn;
conn = DriverManager. getConnection(url,"root","123456");
Statement stmt = conn. createStatement();
String sql1 = "update student set Sdept = '大数据技术与应用' where Sname =
'李明'";       //要执行的 SQL
stmt. executeUpdate(sql1);
String sql2 = "select* from student";       //要执行的 SQL
ResultSet rs = stmt. executeQuery(sql2);//创建数据对象
System. out. println();
System. out. println("学号" + "\t" + "姓名" + "\t" + "性别" + "\t" + "年龄" +
"\t" + "专业");
while(rs. next()){
System. out. print(rs. getString(1) + "\t");
System. out. print(rs. getString(2) + "\t");
System. out. print(rs. getString(3) + "\t");
System. out. print(rs. getInt(4) + "\t");
System. out. print(rs. getString(5) + "\t");
System. out. println();
}
rs. close();
stmt. close();
conn. close();
```

例 10 -5 代码

运行结果如图 10 -9 所示。

成功加载MySQL驱动！				
成功连接到数据库！				
学号	姓名	性别	年龄	专业
2020001	Tom	男	18	计算机应用
2020002	李明	男	19	大数据技术与应用
2020003	王艳	女	20	网络技术

图 10 -9　运行结果

【例 10 -6】将表 student 中英文名 "Tom" 改为中文名 "赵刚"。

```
Class. forName("com. mysql. cj. jdbc. Driver");
String url = " jdbc: mysql://localhost: 3306/xsgl? serverTimezone =
UTC";
Connection conn;
```

```
conn = DriverManager. getConnection(url,"root","123456");
Statement stmt = conn. createStatement();//创建 Statement 对象
String sql1 = "update student set Sname = '赵刚' where Sname = 'Tom'";
stmt. executeUpdate(sql1);
String sql2 = "select* from student";        //要执行的 SQL
ResultSet rs = stmt. executeQuery(sql2);//创建数据对象
System. out. println();
System. out. println("学号" + "\t" + "姓名" + "\t" + "性别" + "\t" + "年龄" +
"\t" + "专业");
while(rs. next()){
System. out. print(rs. getString(1) + "\t");
System. out. print(rs. getString(2) + "\t");
System. out. print(rs. getString(3) + "\t");
System. out. print(rs. getInt(4) + "\t");
System. out. print(rs. getString(5) + "\t");
System. out. println();
}
rs. close();
stmt. close();
conn. close();
```

例 10 - 6 代码

运行结果如图 10 - 10 所示。

学号	姓名	性别	年龄	专业
2020001	赵刚	男	18	计算机应用
2020002	李明	男	19	大数据技术与应用
2020003	王艳	女	20	网络技术

图 10 - 10　运行结果

（3）数据删除

在对数据库的操作中，经常需要删除表中的数据记录。SQL 语句中删除记录的语法格式如下：

```
delete from 表名 where 条件;
```

【例 10 - 7】删除 student 表中专业为"大数据技术与应用"的记录。

```
Class. forName("com. mysql. cj. jdbc. Driver");
String url = "jdbc:mysql://localhost:3306/xsgl?serverTimezone = UTC";
Connection conn;
```

```
conn = DriverManager. getConnection(url,"root","123456");
Statement stmt = conn. createStatement();//创建 Statement 对象
String sql1 = "delete from student where Sdept = '大数据技术与应用'";
stmt. executeUpdate(sql1);
String sql2 = "select* from student";    //要执行的 SQL
ResultSet rs = stmt. executeQuery(sql2);//创建数据对象
System. out. println();
System. out. println("学号" + "\t" + "姓名" + "\t" + "性别" + "\t" + "年龄" +
"\t" + "专业");
while(rs. next()){
System. out. print(rs. getString(1) + "\t");
System. out. print(rs. getString(2) + "\t");
System. out. print(rs. getString(3) + "\t");
System. out. print(rs. getInt(4) + "\t");
System. out. print(rs. getString(5) + "\t");
System. out. println();
}
System. out. println("删除数据成功!");
rs. close();
stmt. close();
conn. close();
```

例 10 - 7 代码

运行结果如图 10 - 11 所示。

学号	姓名	性别	年龄	专业
2020001	赵刚	男	18	计算机应用
2020003	王艳	女	20	网络技术

删除数据成功!

图 10 - 11　运行结果

【例 10 - 8】将表 student 删除。

```
Class. forName("com. mysql. cj. jdbc. Driver");
String url = " jdbc: mysql://localhost: 3306/xsgl? serverTimezone =
UTC";
Connection conn;
conn = DriverManager. getConnection(url,"root","123456");
Statement stmt = conn. createStatement();/* 创建 Statement 对象*/
```

```
String sql1 = "drop table student";      //要执行的 SQL
stmt.executeUpdate( sql1);
stmt.close();
conn.close();
```

例 10 - 8 代码

要检验是否删除成功，只需要将例 10 - 8 再运行一次即可。运行例 10 - 8，会出现如图 10 - 12 所示的异常，说明 student 表不存在。

```
java.sql.SQLSyntaxErrorException: Table 'xsgl.student' doesn't exist
        at com.mysql.cj.jdbc.exceptions.SQLError.createSQLException(SQLError.java:120)
        at com.mysql.cj.jdbc.exceptions.SQLError.createSQLException(SQLError.java:97)
        at com.mysql.cj.jdbc.exceptions.SQLExceptionsMapping.translateException(SQLExceptionsMapping.java:122)
        at com.mysql.cj.jdbc.StatementImpl.executeUpdateInternal(StatementImpl.java:1335)
        at com.mysql.cj.jdbc.StatementImpl.executeLargeUpdate(StatementImpl.java:2108)
        at com.mysql.cj.jdbc.StatementImpl.executeUpdate(StatementImpl.java:1245)
        at ch8.DeleteDemo.main(DeleteDemo.java:20)
```

图 10 - 12　运行后出现的异常

任务实施

任务分析

用图形用户界面实现简单的学生信息管理系统，能进行信息的查询、修改、添加和删除操作。

任务实现

请扫描二维码下载任务工单、本任务的程序代码。

任务工单 10 - 1

任务一的程序代码

运行结果如图 10 - 13 ~ 图 10 - 16 所示。

学号	姓名	性别	年龄	专业
2022001	李三	男	19	计算机网络技术
2022002	刘坤	男	20	软件技术
2022003	李明	男	21	计算机应用技术
2022005	张然	女	22	计算机应用

请输入姓名：　　　查询

添加　修改　删除

图 10 - 13　学生信息管理系统

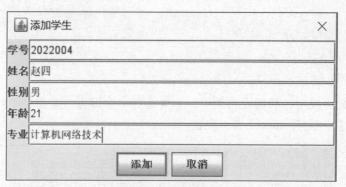

图 10 – 14　添加学生

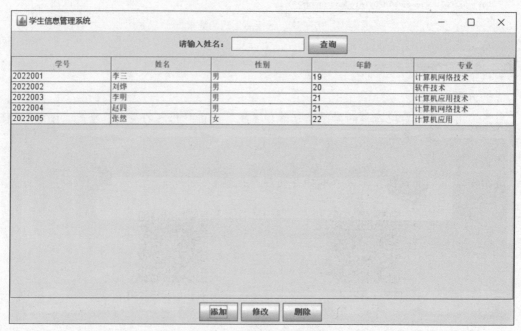

图 10 – 15　添加后的信息

学号	姓名	性别	年龄	专业
2022001	李三	男	19	计算机网络技术
2022002	刘烨	男	20	软件技术
2022003	李明	男	21	计算机应用技术
2022004	赵四	男	21	计算机网络技术
2022005	张然	女	22	计算机应用

图 10 – 16　信息修改

【想一想】

在信息修改页面，想一下为什么学号设置为灰色，并且无法修改？

任务评价

请扫描二维码查看任务评价标准。

任务评价 10 – 1

任务二 企业典型实践项目实训

实训 超市管理系统的数据库操作

1. 需求描述

超市管理系统需要提供商品管理功能，该功能需要完成对商品进行查询、修改、查询、增加等子功能。在查询商品信息窗口，根据输入的商品名称查询相关产品信息；选择一行商品记录，在修改商品信息窗口进行商品信息的修改，并保存；选择一行商品记录，单击"删除"按钮，将该条商品信息记录删除；在新增商品信息窗口，输入商品名称、零售价、单位、库存量等商品信息并保存。对于以上操作，均会给出提示信息：

①商品信息保存成功，系统提示"保存成功!"。

②确认删除的提示窗口。

③商品信息删除成功，系统提示"删除成功!"。

2. 实训要点

掌握数据库连接和数据库基本操作编程，完成商品信息的基本管理。

3. 实现思路及步骤

①在 MySQL 中创建 swing_super_market 数据库，使用 SQL 文件 swing_super_market. sql 来创建数据库表。

②定义商品信息 Goods 类，作为数据模型类。

③定义操作数据库的工具 DBUtil 类，用于连接数据库、查询数据表中数据等。

④定义对商品信息 Goods 类对象进行业务处理的 GoodsDao 类，用于将应用程序的业务逻辑与数据访问逻辑分开，以提高代码的可维护性和可扩展性。

⑤定义处理字符串的工具 StringUtil 类，用于对输入的商品信息字符串进行处理与校验。

⑥定义读取属性文件的工具 PropertiesUtil 类，用于连接 db. properties 属性配置文件，读取文件中的内容。

⑦定义数据库连接池 DBDataSource 类，用于连接数据库，以节约资源，提高用户访问效率。

⑧定义 db. properties 属性配置文件，用于设置连接数据库参数、数据库连接池参数。

⑨定义超市商品信息管理系统主界面 MainFrame 类、商品信息增加界面 GoodsAddFrame 类、商品信息查询界面 GoodsQueryFrame 类、商品信息修改界面 GoodsUpdateFrame 类。

4. 编程实现

请扫描二维码下载任务工单、本任务的程序代码。

任务工单 10 - 2

任务二的程序代码

启动超市商品信息管理系统，在"商品管理"菜单下分别执行"新增商品""查询商品"子菜单，增加部分商品并进行相应查新、修改、删除操作。运行结果如图 10 - 17 ~ 图 10 - 21 所示。

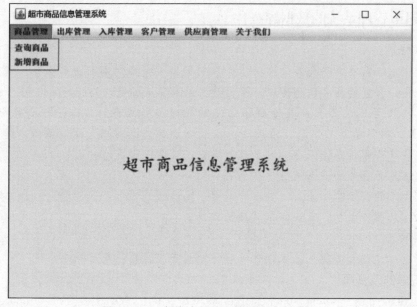

图 10 - 17　超市商品信息管理系统主界面

图 10 - 18　新增商品信息保存成功

图 10 – 19 查询商品信息窗口

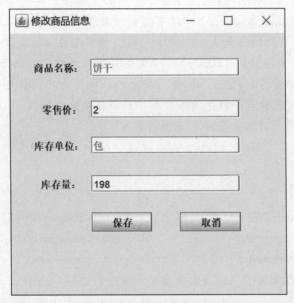

图 10 – 20 修改商品信息

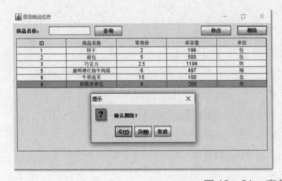

图 10 – 21 商品信息删除成功

【试一试】

在没选中商品信息记录时，单击"修改"按钮或"删除"按钮，会发生什么情况呢？请动手测试一下。

实训评价

请扫描二维码查看任务评价标准。

知识拓展

任务评价 10 -2

《中华人民共和国数据安全法》颁布实施

进入数字经济时代，庞大、复杂的经济活动所产生的海量数据，蕴藏着巨大价值，数据作为重要的生产要素，已经成为驱动经济社会发展的关键生产要素和新引擎。2021 年 6 月 10 日，《中华人民共和国数据安全法》（以下简称《数据安全法》）正式颁布，并于 2021 年 9 月 1 日起正式实施。《数据安全法》（2021）与《国家安全法》（2015）、《网络安全法》（2017）、《网络安全审查办法》（2020）共同构成我国数据安全范畴下的法律框架。《数据安全法》作为我国第一部专门规定"数据"安全的法律，为我国数字化转型的健康发展提供法治保障，为构建智慧城市、数字政务、数字社会提供法律依据。

请扫描二维码查阅《数据安全法》完整的内容。

模块训练

知识拓展

一、选择题

1. 下面的 Connection 方法中，可以建立一个 PreparedStatement 接口的是（　　）。

A. createPrepareStatement( )　　　　B. prepareStatement( )

C. createPreparedStatement( )　　　　D. preparedStatement( )

2. Java 程序与数据库连接后，需要修改某个表中的数据，使用（　　）语句。

A. executeQuery( )　　　　B. executeEdit( )

C. executeUpdate( )　　　　D. executeSelect( )

3. 下面的描述中，错误的是（　　）。

A. Statement 的 executeQuery( ) 方法会返回一个结果集

B. Statement 的 executeUpdate( ) 方法会返回是否更新成功的 boolean 值

C. 使用 ResultSet 中的 getString( ) 方法可以获得一个对应于数据库中 char 类型的值

D. ResultSet 中的 next( ) 方法会使结果集中的下一行成为当前行

4. 如果数据库中某个字段为 numberic 型，可以通过结果集中的（　　）方法获取。

A. getNumberic( )　　　　B. setDouble( )

C. setNumberic( )　　　　D. getDouble( )

5. JDBC API 主要定义在（　　）包中。

A. java. sql. *　　　B. java. io. *　　　C. java. awt. *　　　D. java. util. *

二、填空题

1. 在 Java 中，JDBC 是一种可用于执行 SQL 语句的应用程序接口，它是由一些用 Java 语言编写的＿＿＿＿＿＿和＿＿＿＿＿＿组成的。

2. 完成对某一指定数据库的连接，使用的类为＿＿＿＿＿＿＿。

3. 管理在一个指定数据库连接上的 SQL 语句的执行，使用的类为＿＿＿＿＿＿＿＿＿。

4. 在 Java 程序对数据库的操作中，通过调用相应的方法实现对数据库的查询，将查询结果存放在一个由＿＿＿＿＿＿＿＿＿类声明的对象中。

三、简答题

1. 简述使用 JDBC 访问 MySQL 数据库的基本步骤。

2. JDBC 的含义及作用是什么？

3. 在 Java 语言中，使用 JDBC 进行数据库编程通常需要导入什么包中的类？

4. 如何加载数据库驱动程序？

5. Contection 对象的作用是什么？

※模块十一

网络编程

　　软件技术专业大一学生小王在和同学微信聊天时突发奇想，用 Java 程序能不能实现聊天室的功能呢？也就是说，他想要实现利用 Java 程序与网络上的其他设备中的应用程序进行数据交互。小王通过搜索资料发现，微信收发消息用到的就是网络通信技术。

　　网络编程就是编写程序使互联网的两个（或多个）设备（如计算机）之间进行数据传输。Java 语言为网络编程提供了良好的支持，通过其提供的接口可以很方便地进行网络编程。本模块共有三个任务，分别是简单的网络通信、URL 编程和项目实训。通过本模块的学习，让学习者了解网络编程的基础内容，掌握 ServerSocket 类和 Socket 类、DatagramSocket 类和 DatagramPacket 类的使用，能够熟练地进行 TCP 和 UDP 的网络编程，掌握获取 URL 对象属性的方法，理解基于框架窗口形式的多客户端的网络通信程序。

　　通过本模块的学习，培养学生甘于奉献的精神；培养学生坚持原创，走中国自主创新之路的良好品格；树立科技强国信念，有维护国家主权和保障国家安全的责任感，不断提高网络安全意识。

　　本模块任务知识点如下：

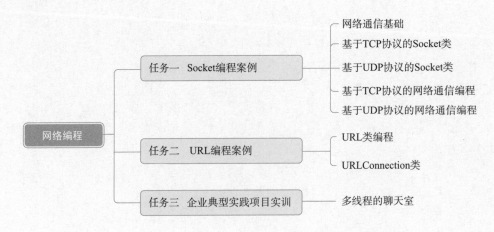

任务一　Socket 编程案例

教学目标

1. 素养目标

（1）培养学生具备甘于奉献并不断创新的精神；

（2）培养了学生以辩证的思维理解、分析、解决复杂问题的能力。

2. 知识目标

（1）理解网络基础知识及 TCP/IP 协议；

（2）理解并掌握 TCP 协议的网络通信；

（3）理解并掌握 UDP 协议的网络通信。

3. 能力目标

（1）能完成基于 TCP 协议的网络通信；

（2）能完成窗体和 UDP 协议的综合案例。

任务导入

编写一个基于 UDP 协议的简单通信程序，实现发送端与接收端的通信功能。要求：

1. 发送端窗体中，输入需要发送的内容，单击"发送"按钮进行信息的发送。

2. 接收端接收到发送端发送的数据，在接收端窗体中显示接收的内容，并且向发送端返回"信息已经收到"。

【想一想】

编写一个发送端窗体和接收端窗体需要用到哪些组件？

知识准备

视频 11-1

（网络通信基础）

1. 网络通信基础

所谓计算机网络，就是把分布在不同地理区域的计算机与专门的外部设备用通信线路互连成一个规模大、功能强的网络系统，从而使众多的计算机可以方便地互相传递信息，共享硬件、软件、数据信息等资源。

Internet（国际互联网）是通过主干线将原本隔离的多个计算机网络互连起来，构成跨越国度的网际网。随着 Internet 的发展，资源共享变得简单，交流的双方可以随时随地传递信息。

需要注意的是，需要遵循网络间数据信息的传递协议，协议规定了网络中设备以何种方式交换信息，它对信息交换的速率、传输代码、代码结构、传输控制步骤、出错控制等许多参数做出定义。

（1）TCP/IP 体系结构

Internet 采用 TCP/IP 体系结构，该体系结构共分四层：网络接口层、网络层、传输层和应用层，见表 11 - 1。

表 11 - 1 TCP/IP 体系结构

应用层	HTTP、FTP、Telnet、SMTP 等
传输层	TCP、UDP
网络层	IP
网络接口层	数据链路层、物理层

应用层：用户调用应用程序访问 TCP/IP 互联网络提供的各种服务。

传输层：不同应用主机上进程的通信，包括 TCP 协议、UDP 协议。

网络层：将数据传输到网络的主机上，采用 IP 协议。

网络接口层：数据传输介质和硬件接口，可能是网络设备，也可能是一个复杂网络。

在 TCP/IP 体系结构中，网络层和传输层是其核心部分。在网络层，使用 IP 地址作为网络中主机的标识，通过 IP 地址，能够确定数据（分组）要到达的主机，也就是说，网络层提供主机之间的通信。

（2）InetAddress 类

InetAddress 类是 Java 的 IP 地址封装类，主要用来区分计算机网络中的不同节点，即不同的计算机并对其寻址。每个 InetAddress 对象中包含了 IP 地址、主机名等信息。使用 InetAddress 类时，不能通过构造方法创建对象。要创建该类的实例对象，可以通过该类的静态方法获得该对象。该类主要的方法如下：

public static InetAddress getLocalHost()，用于为本地主机创建一个 InetAddress 对象。

public static InetAddress getByName(String host)，用于为指定的主机创建一个 InetAddress 对象，参数 host 用于指定主机名。

public static InetAddress[] getAllByName(String host)，用于为指定的一组同名主机创建一个 InetAddress 对象数组，host 参数用于指定主机名。

String getHostAddress()，返回代表与 InetAddress 对象相关的主机地址的字符串。

String getHostName()，返回代表与 InetAddress 对象相关的主机名的字符串。

boolean isReachable(int timeout)，判断地址是否可以到达，同时指定超时时间。

【例 11 - 1】 InetAddress 的使用。

```java
import java. net. * ;
public class InetAddressDemo{
    public static void main(String[]args){
        try{
            InetAddress ip = InetAddress. getByName("baidu. com");
//名为 baidu 的主机的地址
            System. out. println("主机地址:" + ip);//显示主机地址
            System. out. println("主机名称:" + ip. getHostName());
//显示主机名称
            System. out. println("主机 IP:" + ip. getHostAddress());
```

```
//显示主机IP
    }catch(UnknownHostException e){
        e.printStackTrace();
    }
}
}
```

运行该程序，程序的运行结果如图 11-1 所示。

```
主机地址:baidu.com/39.156.66.10
主机名称: baidu.com
主机IP: 39.156.66.10
```

图 11-1　运行结果

（3）端口与 Socket 通信机制

一般情况下，网络中的主机同时运行多个应用进程，比如，用户可能一边浏览网页一边下载数据，操作系统必须在运行浏览网页进程的同时，启用下载数据的进程。在提供网络服务的服务器端，用户的两种请求应由相应的两个应用进程来处理。传输层提供了提交数据的端口，每个端口对应了不同的应用层进程。

发送数据时，应用层进程选择不同的端口将数据提交给网络层；接收数据时，传输层通过不同的端口将数据提交给应用层进程。因此，通过传输层与应用层之间的端口，能够实现应用层进程之间的通信。这些端口用在提供网络服务的服务器端，服务器进程能够监测这些端口，以便和客户进行通信。其他端口分配给请求通信的客户进程。

实现网络中两个主机应用进程之间的通信，需要两大要素：标识主机的 IP 地址和标识应用进程的端口号。

假设服务器的 IP 地址为 218.61.235.68，客户机的 IP 地址为 218.61.235.99，客户机使用 FTP 协议与服务器通信，服务器端的端口号为 21，客户机为通信进程分配端口号 9 999，这样在服务器和客户机之间建立了一个通信连接。在这一连接中，两个 IP 地址和端口号构成了两个连接的端点，通常将其称为插口或套接字（Socket）。

（4）程序开发结构

Java 网络程序的开发结构有两种：

● B/S（浏览器/服务器）：开发一套程序，客户端使用浏览器进行访问。B/S 程序一般稳定性较差，而且安全性较差。

● C/S（客户端/服务器）：开发两套程序，两套程序需要同时维护。C/S 程序一般比较稳定，Java 网络编程以它为主。C/S 程序主要可以完成以下两种程序的开发。

①TCP（Transmission Control Protocol，传输控制协议），采用三方握手的方式，保证准确的连接操作。

②UDP（User Datagram Protocol，数据报协议），发送数据报，例如：手机短信、QQ 消息。所有的开发包都保存在 java.net 包中。

2. 基于 TCP 协议的 Socket 类

基于 TCP 协议的客户机/服务器（C/S）模型结构中，一端是服务器端（S），另一端是客户端（C）。就像日常打电话一样，连接的发起者（相当于拨号打电话的人）是客户端，监听者（相当于接电话的人）是服务器端。发起者指定要连接的服务器地址和端口（相当于电话号码），监听者通过接听建立连接（相当于听到电话响去接电话）。建立连接后，双方可以互相发送和接收数据（相当于说话交流）。

视频 11 - 2
（TCP 和 UDP 通信）

在 TCP 通信中，客户机和服务器通过一个双向的通信连接实现数据的交换。图 11 - 2 显示了 TCP 通信的基本过程。

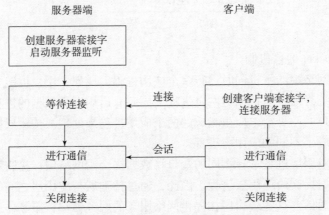

图 11 - 2　基于 TCP 的通信流程图

TCP 是面向连接的，可靠的数据传输协议。TCP 传输是流式的，必须先建立连接，然后数据流沿已连接的线路传输。

在 Java 语言的 java. net 包中，有 Socket 和 ServerSocket 两个类，分别用来表示双向连接的客户端和服务器端的套接字类。

（1）Socket 类

Socket 类的构造方法见表 11 - 2，Socket 类的成员方法见表 11 - 3。

表 11 - 2　Socket 类的构造方法

构造方法	作用
Socket(InetAddress address,int port)	创建一个流套接字并将其连接到指定 IP 地址的指定端口号
Socket(String host,int port)	创建一个流套接字并将其连接到指定主机地址的指定端口号
Socket(SocketImpl impl)	使用用户指定的 SocketImpl 创建一个未连接的套接字
Socket(String host,int port,InetAddress localAddr, int localPort)	创建一个套接字并将其连接到指定远程主机上的指定远程端口

续表

构造方法	作用
Socket（InetAddress address，int port，InetAddress localAddr，int localPort）	创建一个套接字并将其连接到指定远程地址上的指定远程端口

表 11 - 3　Socket 类的成员方法

成员方法	作用
public InetAddress getInetAddress（）	返回套接字连接的远程主机的地址
public int getPort（）	返回套接字连接到远程主机的端口号
public InputStream getInputStream（）	返回一个输入流，利用这个流就可以从套接字读取数据。通常连接这个流到一个 BufferedInputStream 或者 BufferedReader
public OutputStreamgetOutputStream（）	返回一个与套接字绑定的数据输出流，可以从应用程序写数据到套接字的另一端。通常将它连接到 DataOutputStream 或者 OutputStreamWriter 等更方便的类，还可以利用缓冲
public synchronized void close（）	关闭套接字

（2）ServerSocket 类

ServerSocket 类的构造方法见表 11 - 4，ServerSocket 类的成员方法见表 11 - 5。

表 11 - 4　ServerSocket 类的构造方法

构造方法	作用
ServerSocket（int port）	创建绑定到特定端口的服务器套接字
ServerSocket（int port，int backlog）	创建绑定到特定端口的服务器套接字，backlog 参数用于指定在服务器忙时，可以与之保持连接请求的等待客户数量，如果没有指定参数，默认为 50

表 11 - 5　ServerSocket 类的成员方法

成员方法	作用
public Socket accept（）	该方法是阻塞的，它停止执行流等待下一个客户端的连接。当客户端请求连接时，accept（） 方法返回一个 Socket 对象，然后就用这个 Socket 对象的 getInputStream（） 和 getOutputStream（） 方法返回的流与客户端交互
public void close（）	关闭服务器套接字

注意：在以上的诸多方法中，port 是端口号，可以自行设定，但 0 ~ 1 023 的端口号为系统保留号，一般不要使用。

3. 基于 UDP 协议的 Socket 类

采用 UDP 协议不能保证数据被安全、可靠地送到接收方，只有在网络可靠性较高的情况下，才能有较高的传输效率。在采用 UDP 协议通信时，通信双方无须建立连接，因而具有资源消耗少、处理速度快的优点。传输语音、视频和非关键性数据时，一般使用 UDP 协议。

UDP 是面向无连接的，不可靠的数据报传输协议。在 UDP 通信中，传输数据大小限制在 64 KB 以下。通常 UDP 是不分客户端和服务器端的，通信双方是平等的。

Java UDP 网络编程主要是通过 DatagramSocket 和 DatagramPacket 两个类实现的。DatagramSocket 类用于创建发送数据报的 Socket，DatagramPacket 类对象用于创建数据报。

（1）DatagramSocket 类

DatagramSocket 类的构造方法见表 11 - 6，DatagramSocket 类的成员方法见表 11 - 7。

表 11 - 6　DatagramSocket 类的构造方法

构造方法	作用
DatagramSocket( )	构造一个系统自动确定端口号的数据报 Socket 对象
DatagramSocket(int port)	构造一个绑定到 port 端口号的数据报 Socket 对象
DatagramSocket(int port, InetAddress Iaddr)	构造一个绑定到 port 端口号的数据报 Socket 对象，并且指明本地 IP 地址

表 11 - 7　Socket 类的成员方法

成员方法	作用
receive(DatagramPacket p)	接收数据报
send(DatagramPacket p)	发送数据报

（2）DatagramPacket 类

DatagramPacket 类的构造方法见表 11 - 8，DatagramPacket 类的成员方法见表 11 - 9。

表 11 - 8　DatagramPacket 类的构造方法

构造方法	作用
DatagramPacket（byte [ ] buf, int length)	构造一个接收报文的数据包对象，buf 和 length 为报文缓冲区及其长度
DatagramPacket（byte [ ] buf, int length, InetAddress address, int port)	构造一个发送报文的数据包对象，buf 和 length 为报文缓冲区及其长度，address 和 port 是接收方的 IP 地址和端口号

表 11 - 9　DatagramPacket 类的成员方法

成员方法	作用
InetAddress getAddress( )	获取报文发送者的 IP 地址
int getPort( )	获取报文发送者的端口号
byte[ ]getData( )	获取数据包的内容
int getLength( )	获取数据包的长度

使用 UDP 协议发送和接收数据时，应当为数据报建立缓冲区。发送数据时，将缓冲区的数据打包，形成要发送的数据报，再使用 DatagramSocket 类的 send( ) 方法将数据报发送

出去；接收数据时，使用 DatagramSocket 类的 receive( ) 方法将数据报存入 DatagramPacket 类对象中，在创建该数据报对象时，需要指定数据报的缓冲区指针。

4. 基于 TCP 协议的网络通信编程

在基于 TCP 协议的网络通信服务器端程序中，包含一个提供 TCP 连接服务的 Server-Socket 类对象和一个参与通信的 Socket 对象；客户端程序中只包含一个参与通信的 Socket 对象。服务器端的 ServerSocket 对象提供 TCP 连接服务，连接成功以后，实际进行通信的是服务器端的 Socket 对象和客户端的 Socket 对象。Socket 通信的流程如图 11 –3 所示。

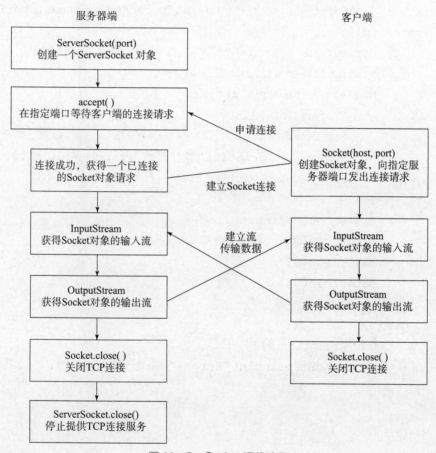

图 11 –3　Socket 通信流程

【例 11 –2】实现基于 TCP 协议的简单通信程序。
服务器端代码：

```
import java.net.*;
import java.io.*;
public class tserver{
    public static void main(String[]args){
        try{
```

```
                ServerSocket ss = new ServerSocket(3000);/* 初始化 Server-
Socket 对象*/
                System.out.println("服务器已经启动,等待客户端连接…");
                Socket s = ss.accept();
                System.out.println("已经连接上一个客户端。");
                BufferedReader rsp = new BufferedReader(new InputStream-
Reader(s.getInputStream()));
                PrintWriter osp = new PrintWriter(s.getOutputStream());
                BufferedReader sin = new BufferedReader(new InputStream-
Reader(System.in));
                System.out.println("客户端:" + rsp.readLine());
                String line = sin.readLine();
                While(! line.equals("exit"(){
                    osp.println(line);
                    osp.flush();
                    System.out.println("客户端:" + rsp.readLine());
                    line = sin.readLine();
                }
                System.out.println();
                sin.close();
                rsp.close();
                osp.close();
                s.close();
                ss.close();
            }catch(Exception e){
                System.out.println("Error:" + e.toString());
            }
        }
    }
```

客户端代码:

```
    import java.net.*;
    import java.io.*;
    public class tclient{
        public static void main(String[]args){
            try{
                Socket sclient = new Socket("127.0.0.1",3000);
    //初始化 socket 对象
                System.out.println("已经连接到服务器");
```

```
            BufferedReader sin = new BufferedReader(new InputStream-
Reader(System.in));
            PrintWriter osw = new PrintWriter(sclient.getOutputStream());
            BufferedReader isw = new BufferedReader(new InputStream-
Reader(sclient.getInputStream()));
            String readline;
            readline = sin.readLine();
            while(! readline.equals("exit"(){
                osw.println(readline);
                osw.flush();
                System.out.println("服务器端:" + isw.readLine());
                readline = sin.readLine();
            }
            sin.close();
            osw.close();
            isw.close();
            sclient.close();
        }catch(Exception e){
            System.out.println("Error:" + e.toString());
        }
    }
}
```

运行结果如图 11-4 和图 11-5 所示。

Console ⊠
tserver [Java Application] E:\ProgramFiles\Java\jre1.8.0_111\bin\javaw.exe
服务器已经启动，等待客户端连接...
已经连接上一个客户端。
客户端：你好服务器端，我是客户端
你好，信息已经收到！

图 11-4　服务器端运行结果

Console ⊠
tclient [Java Application] E:\ProgramFiles\Java\jre1.8.0_111\bin\javaw.exe
已经连接到服务器
你好服务器端，我是客户端
服务器端：你好，信息已经收到！

图 11-5　客户端运行结果

　　在复杂的通信中使用多线程非常必要。对于服务器来说，它需要接收来自多个客户端的连接请求，处理多个客户端通信需要并发执行，那么就需要对每一个传过来的 Socket 在不同的线程中进行处理，每条线程需要负责与一个客户端进行通信，以防止其中一个客户端的处理阻塞会影响到其他的线程。对于客户端来说，一方面要读取来自服务器端的数据，另一方面要向服务器端输出数据，它们同样也需要在不同的线程中分别处理。

5. 基于 UDP 协议的网络通信编程

实现基于 UDP 协议的网络编程包括五个步骤：
①明确核心的两个类/对象 DatagramSocket、DatagramPacket；
②建立发送端和接收端；
③发送数据前，建立数据包 DatagramPacket；
④调用 DatagramSocket 的发送和接收方法；
⑤关闭 DatagramSocket。

【例 11 – 3】实现基于 UDP 协议的简单通信程序。
发送端代码：

```java
import java.io.BufferedReader;
import java.io.IOException;
import java.io.InputStreamReader;
import java.net.DatagramPacket;
import java.net.DatagramSocket;
import java.net.InetAddress;
public class UDPSendDemo{
    public static void main(String[]args)throws IOException{
        System.out.println("发送端已经启动");
        DatagramSocket ds = new DatagramSocket(8888);//监听端口
        InputStreamReader read = new InputStreamReader(System.in);
        BufferedReader bufr = new BufferedReader(read);//键盘输入
        String line = null;
        while((line = bufr.readLine())!= null){
        byte[]buf = line.getBytes();
        InetAddress InetAdd = InetAddress.getByName("127.0.0.1");
        DatagramPacket dp = new DatagramPacket(buf,buf.length,Ine-
tAdd,10001);
        ds.send(dp);
        if("88".equals(line)){
            break;
            }
        }
        //关闭资源
        ds.close();
    }
}
```

接收端代码：

```java
import java.io.IOException;
import java.net.DatagramPacket;
import java.net.DatagramSocket;
public class UDPReceiveDemo{
public static void main(String[]args)throws IOException{
    System.out.println("接收端已经启动");
    DatagramSocket ds = new DatagramSocket(10001);
    while(true){
        byte[]buf = new byte[1024];
        DatagramPacket dp = new DatagramPacket(buf,buf.length);
        ds.receive(dp);
        //通过数据包的方法解析数据包中的数据,比如地址、端口、数据内容
        String ip = dp.getAddress().getHostAddress();
        int port = dp.getPort();
        String text = new String(dp.getData(),0,dp.getLength());
        System.out.println("接收到"+ip+":"+port+"发来的信息:"+text);
        }
    }
}
```

运行程序，运行结果如图 11 - 6 和图 11 - 7 所示。

图 11 - 6　发送端运行结果

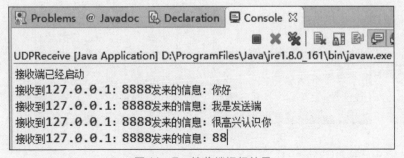

图 11 - 7　接收端运行结果

任务实施

请扫描二维码下载任务工单、本任务的程序代码。

任务工单 11 - 1

任务一的程序代码

运行程序，运行结果如图 11 - 8 ~ 图 11 - 10 所示。

> **发送端窗体** — □ ✕
>
> 你好啊，我是小张|
>
> **发送**

图 11 - 8　发送端窗体

> **接收端** — □ ✕
>
> ip地址：/127.0.0.1
> 端口号：56120
> 接收到信息：你好啊，我是小张|

图 11 - 9　接收端窗体

> **发送端窗体** — □ ✕
>
> 信息已经收到|
>
> **发送**

图 11 - 10　发送端收到消息反馈

任务评价

请扫描二维码查看任务评价标准。

任务二 URL 编程案例

教学目标

1. 素质目标

（1）树立科技强国信念，有维护国家主权和保障国家安全的责任感；

（2）树立道路自信、理论自信、制度自信和文化自信。

2. 知识目标

（1）了解 URL 的概念及格式；

（2）了解获取 URL 类对象的属性方法；

（3）掌握 URL 的构造方法；

（4）了解 URLConnection 类。

3. 能力目标

能熟练使用 URL 类的方法进行案例代码的编写。

任务导入

创建一个访问网络资源的程序，获取网络资源的协议名、主机名、文件名、端口号等信息，并将网络资源的 HTML 内容保存下来。

【想一想】

如何使用浏览器访问一个网络资源？

知识准备

视频 11 -3
（使用 URL 类编程）

1. URL 类编程

在使用浏览器访问 Internet 上的各种网络资源时，都是通过 URL 来实现访问的。URL（Uniform Resource Locator）是统一资源定位符的简称，它表示 Internet 上某一资源的地址。通常 URL 的组成如图 11 - 11 所示。

URL地址 {
  协议名（如http、ftp等）
  资源名 {
    宿主名称（主机名）
    文件名
    端口号
  }
}

图 11 - 11 URL 的组成

例如，URL 地址 http://www.sina.com:80/index.html，其中，http 是协议名，www.sina.com 是宿主名称，80 是默认端口号，index.html 是文件名。

在 Java 语言中如何实现对 URL 地址的访问？Java 语言的 java.net 包中提供了一个 URL 类，利用 URL 类的对象编程来实现对网络资源的访问。

（1）创建 URL 对象

URL 类的构造方法有以下 4 种：

- public URL(String spec)，通过一个表示 URL 地址的字符串构造一个 URL 对象。
- public URL(URL context，String spec)，通过基本 URL 和相对 URL 构造一个 URL 对象。例如：

```
URL  urlsn = new URL("http://www.sina.com/");
URL  indexsn = new URL(urlsn,"index.html");
```

- public URL(String protocol，String host，String file)，通过协议名、主机名、文件名构造一个 URL 对象。

例如：

```
URL newssn = new URL("http","news.sina.com","/photo/index.html");
```

- public URL(String protocol，String host，int port，String file)，通过协议名、主机名、端口号、文件名构造一个 URL 对象。

例如：

```
URL newssn = new URL("http","news.sina.com",80,"/photo/index.html");
```

（2）获取 URL 对象的属性

对 URL 对象进行解析，可以获取 URL 对象的相关属性信息。常用方法如下：

- public String getProtocol()，获取该 URL 的协议名。
- public String getHost()，获取该 URL 的主机名。
- public int getPort()，获取该 URL 的端口号，如果没有设置端口，返回 -1。
- public String getFile()，获取该 URL 的文件名。
- public String getQuery()，获取该 URL 的查询信息。
- public String getPath()，获取该 URL 的路径。
- public String getAuthority()，获取该 URL 的权限信息。

【例 11-4】创建 URL 对象并获取 URL 对象的属性。

```
import java.net.MalformedURLException;
import java.net.URL;
public class URLDemo2{
    public static void main(String[]args){
        try{
            URL hp = new URL("https://www.baidu.com/index.html/");
```

```
            System. out. println("Protocol:" +hp. getProtocol());
            System. out. println("Host:" +hp. getHost());
            System. out. println("Port:" +hp. getPort());
            System. out. println("File:" +hp. getFile());
            System. out. println("Query:" +hp. getQuery());
            System. out. println("Path:" +hp. getPath());
            System. out. println("Authority:" +hp. getAuthority());
        }catch(MalformedURLException ex){
            System. out. println(ex. toString());
        }
    }
}
```

运行该程序，运行结果如图 11 – 12 所示。

```
Protocol: https
Host: www.baidu.com
Port: -1
File: /index.html/
Query: null
Path: /index.html/
Authority: www.baidu.com
```

图 11 – 12　运行结果

一个 URL 对象代表一个网络资源，获取资源内容的操作需要使用流，URL 类提供 open-Stream( ) 方法返回一个字节输入流对象，声明如下：

```
public final InputStream openStream()throws java. IO. IOException
```

该方法将返回一个字节输入流 InputStream 类的对象，该对象连接着一条和资源通信的通道，于是访问资源内容的操作就转化为使用输入流对象的操作，即从字节输入流中读取资源数据。

【例 11 – 5】使用 URL 读取内容。

```
import java. io. InputStream;
import java. net. URL;
import java. util. Scanner;
public class URLDemo3{
    public static void main(String[]args)throws Exception{
        URL url = new URL("http://www. baidu. com");
        InputStream input = url. openStream();
        Scanner scan = new Scanner(input);
```

```
        scan.useDelimiter("\n");//设置读取分隔符
        while(scan.hasNext()){
            System.out.println(scan.next());
        }
    }
}
```

以上程序运行时，使用 URL 找到了百度页面资源，并且将 HTML 代码显示在控制台中。

2. URLConnection 类

在 Java 语言中，提供了一个 URLConnection 类，来实现 Java 程序与 URL 之间的通信连接，并使用 URLConnection 对象实现对连接的读写操作，或者查询关于它的内容的信息。

①创建 URLConnection 对象的方法如下：

```
URL url = new URL("网址字符串");
URLConnection  con = url.openConnection();
```

②使用 URLConnection 类的以下方法对连接对象（文件）进行操作。

```
public int getContentLength();   //获得文件的长度
public String getContentType();  //获得文件的类型
public long getDate();           //获得文件创建的时间
public long getLastModified();   //获得文件最后修改的时间
```

注意：如果利用 URLConnection 对象实现对连接对象（文件）进行操作，则要进行网络服务器的权限设置，否则连接的创建一般不被允许，主要是由于读写权限受限。

任务实施

请扫描二维码下载任务工单、本任务的程序代码。

任务工单 11 -2

任务二的程序代码

编译并运行程序，运行结果如图 11 - 13 所示。同时，在 URLGetFile 类所在的工程目录下生成 163page.txt 文本文件，如图 11 - 14 所示。163page.txt 的文件内容如图 11 - 15 所示。

```
protocol =http
host =www.163.com
filename =/index.html
port=-1
```

图 11 - 13　运行结果

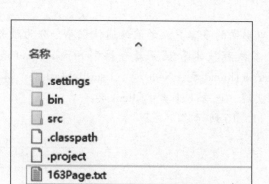

图 11－14 163page. txt 所在位置

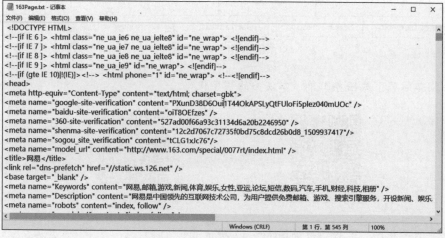

图 11－15 保存的网络资源内容

任务评价

请扫描二维码查看任务评价标准。

任务评价 11－2

任务三 企业典型实践项目实训

实训 多线程的聊天室

视频 11－4
（项目实训）

1. 需求描述

编写一个基于 TCP 协议的多线程聊天程序，实现多个客户同时登录聊天的功能。

2. 实训要点

能利用多线程、Swing 窗体编程、TCP 网络编程完成案例代码的编写。

3. 实现思路及步骤

程序是基于框架窗口形式的多客户端的网络通信程序，分为服务器端和客户端，服务器端主要采用框架窗口、多线程技术和服务器套接字 ServerSocket 类来实现，包含 4 个类：MultiThreadServer 类、ServerThread 类、Node 类、UserLinkList 类。客户端主要是采用框架窗口和套接字 Socket 类来实现，包含 1 个类：Client 类。

整个程序结构如图 11−16 所示。

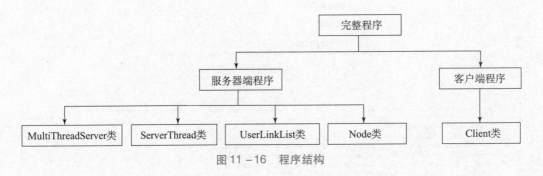

图 11−16　程序结构

请扫描二维码下载任务工单、本任务的程序代码。

任务工单 11−3

任务三的程序代码

编译并运行程序，运行结果如图 11−17 所示。

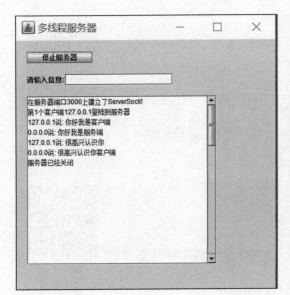

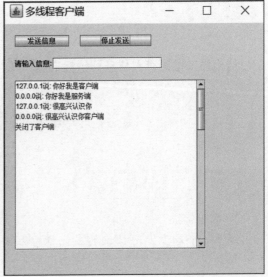

图 11−17　运行结果

实训评价

请扫描二维码查看任务评价标准。

任务评价 11-3

拓识拓展

网络安全

国家安全是安邦定国的重要基石，维护国家安全是全国各族人民根本利益所在。2023年4月15日是第八个全民国家安全教育日，2023年的主题是"贯彻总体国家安全观，增强全民国家安全意识和素养，夯实以新安全格局保障新发展格局的社会基础"。没有网络安全就没有国家安全。

要树立正确的网络安全观，加强信息基础设施网络安全防护，加强网络安全信息统筹机制、手段、平台建设，加强网络安全事件应急指挥能力建设，积极发展网络安全产业，做到关口前移，防患于未然。要落实关键信息基础设施防护责任，行业、企业作为关键信息基础设施运营者承担主体防护责任，主管部门履行好监管责任。要依法严厉打击网络黑客、电信网络诈骗、侵犯公民个人隐私等违法犯罪行为，切断网络犯罪利益链条，持续形成高压态势，维护人民群众合法权益。要深入开展网络安全知识技能宣传普及，提高广大人民群众网络安全意识和防护技能。

2018年9月初，山东省多地的不动产登记系统因遭到 GlobeImposter3.0 勒索病毒的攻击，出现数据缺失、无法显示、无法存储等问题，致使系统瘫痪，无法正常办理不动产登记业务。山东省公安厅网安总队发布《关于做好 GlobeImposter3.0 勒索病毒安全防护工作的紧急通知》，通知分析了勒索病毒的种类、特点及临时应对措施。经安全专家分析，存在弱口令且 Windows 远程桌面服务（3389 端口）暴露在互联网上、未做好内网安全隔离、Windows 服务器及终端未部署或未及时更新杀毒软件等漏洞和风险的信息系统，更容易遭受 GlobeImposter3.0 勒索病毒侵害。

模块训练

一、选择题

1. DatagramSocket 类的 receive 方法的作用是（　　　）。

A. 根据网络地址接收数据包　　　　　　B. 根据网络地址与端口接收数据包

C. 根据端口接收数据包　　　　　　　　D. 根据网络地址与端口发送数据包

2. Socket 类的 getOutputStream 方法的作用是（　　　）。

A. 返回文件路径　　　　　　　　　　　B. 返回文件大小

C. 返回数据输出流　　　　　　　　　　D. 返回数据输入流

3. 在套接字编程中，客户端需用到 Java 类（　　　）来创建 TCP 连接。

A. ServerSocket　　　B. DatagramSocket　　　C. Socket　　　　　　D. URL

4. 在套接字编程中，服务器端需用到 Java 类（　　　）来监听端口。

A. ServerSocket　　　B. DatagramSocket　　　C. Socket　　　　　　D. URL

5. （　　　）方法可以获得主机名字或一个具有点分形式的数字 IP 地址。

A. getFile( )　　　　　B. getQuery( )　　　　C. getHostName( )　　D. getPath( )

二、填空题

1. URL 对象调用_____方法可以返回一个输入流，该输入流指向 URL 对象所包含的资源。

2. Java 中有关网络的类都包含在_____包中。

3. ServerSocket. accept( ) 返回_____对象，使服务器与客户端相连。

4. Sockets 技术构建在_____协议之上。

5. Datagrams 技术构建在_____协议之上。

6. 对于不可靠的数据报传输，使用_____类来创建一个套接字。

7. 客户端的套接字和服务器端的套接字通过_____互相连接后进行通信。

三、简答题

1. TCP、UDP 通信的特点分别是什么？

2. Socket 与 ServerSocket 类的区别是什么？

四、编程题

实现简单的 Echo 程序。即客户端输入信息，服务器端会在内容前面加上"Echo："，并将信息发回给客户端。

模块十二

超市管理系统

模块情境描述

一个软件的生产过程不是只有编码工作，而是包含多个阶段的复杂工作，由项目组的多种角色成员共同参与完成。软件技术专业大一学生小王已经对 Java 这门面向对象编程语言进行了全面的学习，现在很想参与到企业生产实践项目的开发中。

本模块知识任务如下：

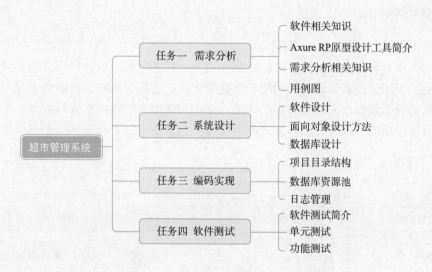

任务一 需求分析

教学目标

1. 素养目标

（1）培养学生软件需求分析思维；

（2）培养学生勇于开拓进取、不畏困难、善于学习的探索精神；

（3）培养学生精于劳作、耐心细致、善于沟通的职业素养。

2. 知识目标

（1）了解软件生命周期的概念；

（2）了解 Axure RP 原型设计工具；

（3）掌握需求分析方法。

3. 能力目标

（1）能阐述软件生命周期的含义；

（2）能使用 Axure RP 工具进行原型界面设计；

（3）能进行软件需求分析。

◎ 任务导入

分析超市管理系统的需求，使用面向对象的需求分析方法和工具进行需求分析，使用 Axure RP 工具进行界面原型设计，使用 UML 建模工具编制系统用例图。

【想一想】

超市管理系统有哪些功能？如何对超市管理系统进行需求分析？

◎ 知识准备

视频 12 – 1
（需求分析）

1. 软件相关知识

软件是人们通过智力劳动，依靠知识和技术等手段生产的信息系统产品。软件是抽象的、无形的，没有物理实体，但可以记录在介质上。软件是程序、数据及其相关文档的完整集合。其中，程序是按事先设计的功能和性能要求执行的指令序列，数据是使程序能够正确地处理信息的数据结构，文档是与程序开发、维护和使用有关的图文资料。

软件可以按功能、规模、工作方式等进行分类，如图 12 – 1 所示。

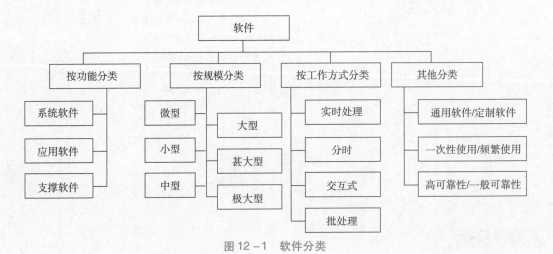

图 12 – 1　软件分类

软件开发必须按照软件工程管理的方法进行，严格管理软件项目的进度、质量和成本。软件需要长期维护，在软件生命周期中，需要随时解决出现的故障问题。软件生命周期是软件从产生直到报废的过程，分为计划时期、开发时期和运行时期，包含问题定义、可行性分析、需求分析、数据库设计、编码、系统测试、运行与维护7个阶段，如图12-2所示。

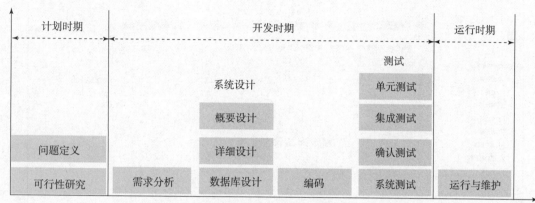

图 12-2 软件生命周期

软件开发模型是指软件开发全部过程、活动和任务的结构框架，明确地规定了要完成的主要活动和任务，奠定了软件项目工作的基础。常见的软件开发模型有瀑布模型、原型模型、增量模型、敏捷模型、螺旋模型等，本模块采用的是瀑布模型。瀑布模型是一种线性顺序的过程模型，将软件开发过程分为需求分析、数据库设计、编码、系统测试、运行维护等阶段，每个阶段依次进行，前一阶段完成后才能进入下一阶段。

2. Axure RP 原型设计工具简介

原型设计是软件开发和产品设计中非常重要的一个环节，一个完整清晰的原型可以帮助设计团队更好地开发产品。Axure RP 是一款专业的快速原型设计工具，它能快速、高效地创建交互式的、高保真的原型，帮助项目成员进行需求分析，提升用户体验设计的效率和质量。

Axure RP 提供了丰富的交互组件和功能，例如可交互的按钮、链接、表单元素等，使用户能够模拟真实的应用程序或网站的交互过程。此外，Axure RP 还支持多种输出格式，包括 HTML、PDF 和 PNG 等，方便用户在不同平台上展示和共享原型。使用 Axure RP 设计超市管理系统的原型，如图12-3所示。

3. 需求分析相关知识

需求分析在整个软件开发过程中扮演着至关重要的角色。需求分析是理解、分析和表达"系统必须做什么"的过程，是确保项目能够满足用户要求、确保软件产品质量的关键步骤。通过需求分析来帮助团队理解用户需求，促进团队内部和外部的沟通与协作，明确项目目标和范围，提高项目成功率。

一般情况下，用户并不熟悉计算机的相关知识，更不懂得需求分析方法，所以他们不知道如何全面而又准确无误地表达自己的需求。软件开发人员对相关的业务领域也不甚了解，用户与开发人员之间对同一问题理解的差异和习惯用语的不同往往会给需求分析带来很大困

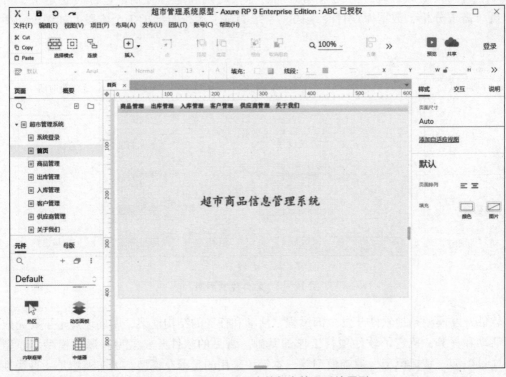

图 12 - 3　Auxre RP 中的超市管理系统原型

难。所以，开发人员与用户之间要进行充分和有效的沟通，需要采取科学的需求获取方法与技巧，恰当地启发引导用户表达自己的需求，以减少后期重复修改需求的次数。需求获取的途径和方法有问卷调查、访谈和会议、市场调查、实地操作、建立原型。一般来说，需求分析分为需求获取、分析建模、需求描述、需求评审四个步骤。

①需求获取：收集并明确用户需求的过程，确定对目标系统的需求，以及实现这些需求应具备的条件和应达到的标准，即明确待开发系统需要"做什么""做到什么程度"。

②分析建模：把来自用户的需求加以分析，通过"抽象"建立待开发的系统逻辑模型，有助于人们更好地理解问题。常用的建模方法有用例图等。

③需求描述：编制软件需求规格说明书，明确地表达用户与需求分析人员对软件系统的共同理解。

④需求评审：评审软件需求规格说明书，对需求的正确性进行严格的复查，确保需求的一致性、完整性、清晰性、有效性。

4. 用例图

UML（Unified Modeling Language，统一建模语言）是一种为面向对象系统的产品进行说明、可视化和编制文档的标准语言。UML 是一种图形化语言，支持模型化和软件系统开发。常用的 UML 建模工具有 Microsoft Office Visio、IBM Rational Rose、Enterprise Architect 等。

在 UML 中，使用用例图建立系统的功能模型。用例图（Use Case Diagram）是 UML 建模中最重要并且最常用的一种图形，用几组简单的图形就能够描述出应用程序的功能需求，以及应用程序与用户或者与其他应用程序之间的交互关系。用例图由系统边界、执行者、用例、用例之间的关系组成，如图12-4所示。

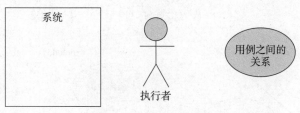

图12-4　用例图组成

- 执行者（Actor）：在某个业务中扮演的角色，可以是具体的用户或者具体的系统。
- 用例：表示一个或一组系统功能。
- 用例之间的关系：用于连接执行者和用例，被连接的两者有通信关系。

在用例图中，用例之间的关系有四种，分别是关联、包含（include）、泛化、扩展（extend），见表12-1。

表12-1　用例之间的四种关系

关系类型	说明	标识符合
关联关系	参与者与用例之间的关系	——————————
包含关系	用例之间的关系，表示前一个用例的执行需要借助调用后一个子用例的功能。后一个用例为被包含用例，前一个用例为包含用例。当两个以上用例有相同的功能，或者功能太复杂时，就把这个功能分解形成新用例	---<<include>>--→
泛化关系	又称继承关系，是参与者之间或用例之间的关系，将多个用例间的共同部分抽象出来成为基用例	————————▷
扩展关系	用例之间的关系，表示前一个用例（扩展用例）是对后一个用例（基用例）的可选增量扩展事件，即它是后一个用例的可选附加行为	---<<extend>>--→

使用 Visio 工具绘制的超市管理系统的用例图如图12-5所示。

任务实施

任务分析

为实现超市管理系统的需求分析，需要与超市销售人员、管理人员等进行线上线下沟通，明确系统"做什么"。

任务实现

请扫描二维码下载任务工单、超市管理系统需求说明书。

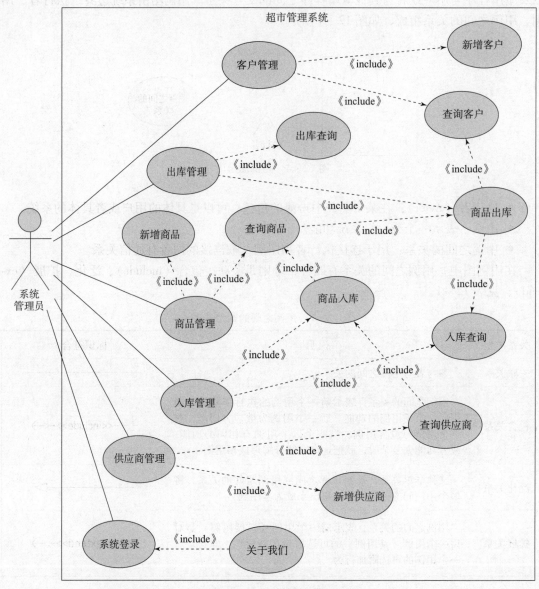

图 12 - 5 系统用例图

任务工单 12 - 1

超市管理系统需求说明书

超市管理系统的功能模块有系统登录、系统主窗体、商品管理、出库管理、入库管理、客户管理、供应商管理等，并对系统进行原型设计，如图 12 - 6 ～ 图 12 - 17 所示。

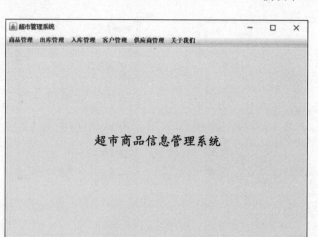

超市管理系统
商品管理 出库管理 入库管理 客户管理 供应商管理 关于我们
超市商品信息管理系统

图 12－6　系统主窗体

查询商品信息
商品名称：
查询
修改
删除
ID 商品名称 零售价 库存量 单位
1 饼干 2 198 包
2 面包 5 500 包
3 巧克力 2.5 1198 块
4 牛奶泡芙 15 100 盒
5 康师傅红烧牛肉面 6 497 桶
6 test 100 200 件

图 12－7　查询商品信息

超市管理系统
系统登录
账号：
密码：
登录
退出

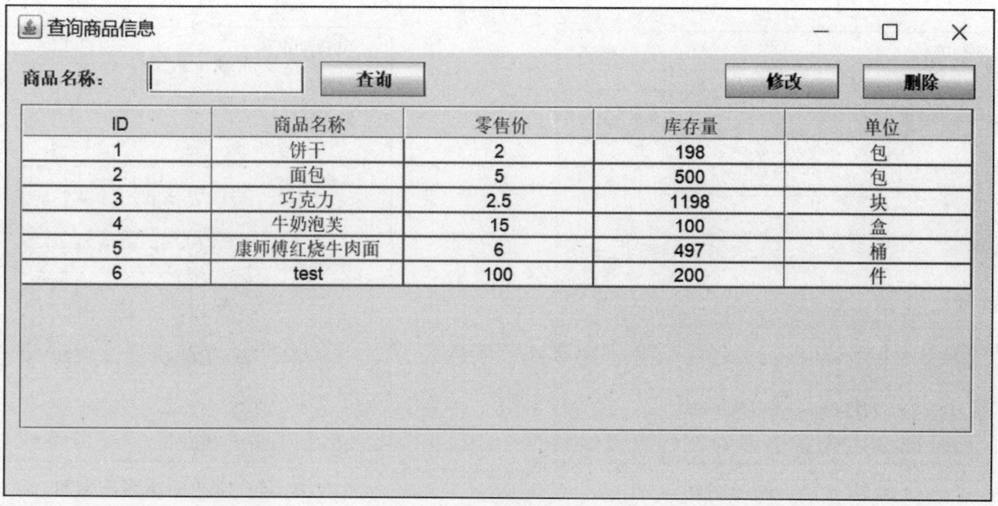

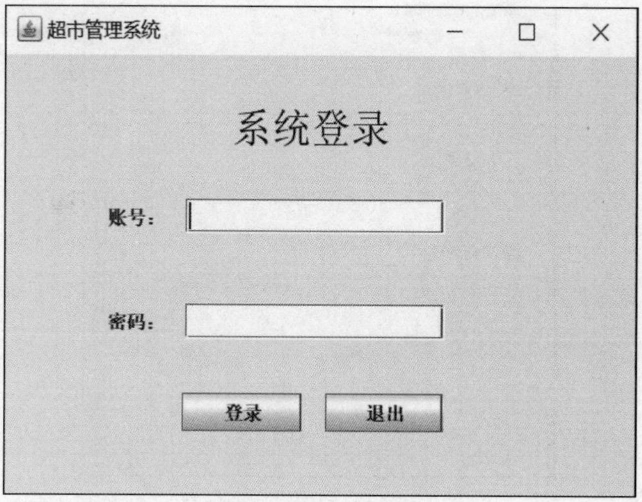

图 12－8　系统登录

图 12 -9　新增商品信息

图 12 -10　商品入库

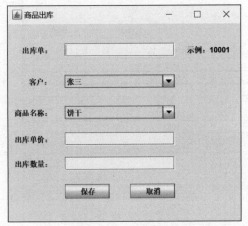

图 12 -11　商品出库

图 12 -12　新增客户信息

图 12 -13　新增供应商信息

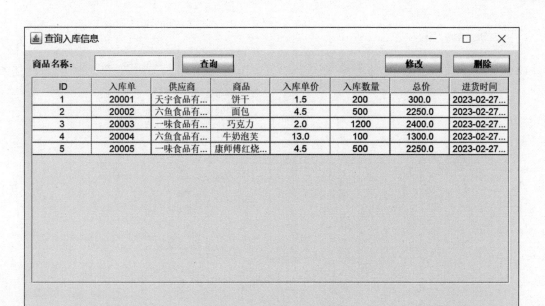

图 12 - 14 查询入库信息

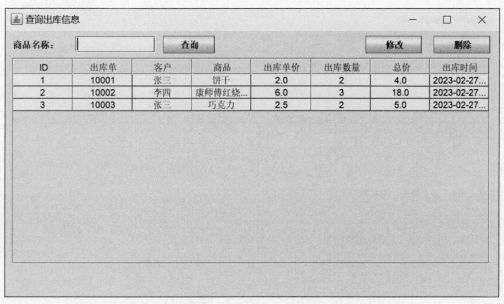

图 12 - 15 查询出库信息

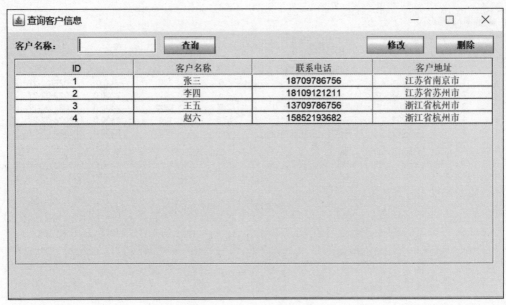

图 12-16　查询客户信息

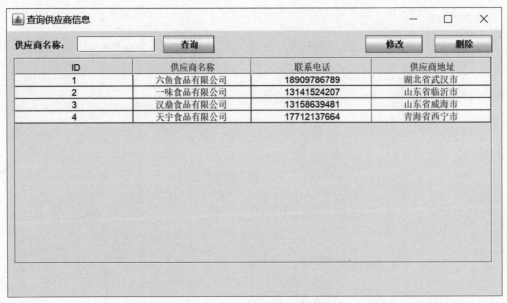

图 12-17　查询供应商信息

【做一做】

分析超市管理系统的具体需求，并编写需求说明书。

任务评价

请扫描二维码查看任务评价标准。

任务评价 12-1

任务二 系统设计

📌 教学目标

1. 素养目标

（1）培养学生软件设计思维；

（2）培养学生主动思考、分析问题的攻坚克难精神；

（3）培养学生严谨规范、精益求精的职业素养。

2. 知识目标

（1）了解软件设计内容；

（2）了解软件设计工具；

（3）掌握软件设计方法。

3. 能力目标

（1）能阐述软件设计内容；

（2）能应用软件设计方法、使用软件设计工具进行软件设计；

（3）能编写软件设计说明书。

📌 任务导入

软件需求分析明确了软件系统"做什么"，而软件设计则是将软件需求转换为软件表示的过程，解决软件系统"怎么做"的问题，也就是为软件系统进行蓝图设计。

【想一想】

软件设计应遵循什么原则？

📌 知识准备

视频 12 –2
（系统设计）

1. 软件设计

软件设计为系统制定蓝图，用比较抽象概括的方式确定目标系统如何完成需求规格说明书中预定的任务，对软件系统进行模块功能设计、数据库设计、系统结构设计等。

从工程管理的角度来看，可以将软件设计分为两个阶段：概要设计（总体设计）阶段和详细设计（过程设计）阶段。概要设计阶段主要进行系统体系结构设计、接口设计、数据库设计，得到软件系统的基本框架；详细设计阶段明确系统内部的实现细节，明确系统各个模块的数据结构、算法、界面，系统关键问题的解决方案和实现技术等。

2. 面向对象设计方法

面向对象方法包括面向对象分析、面向对象设计和面向对象实现。面向对象方法的基本思想：尽可能模拟人类习惯的思维方式，使开发软件的方法与过程尽可能接近人类认识世界、解决问题的方法与过程，也就是使描述问题的问题空间与实现解法的求解空间在结构上尽可能一致。

面向对象设计（Object Oriented Design，OOD）是一种软件设计方法，进行问题解决方案的设计工作。它将问题的解决方案表述为"类+关联"的形式，其中，类包括问题空间（域）类、用户界面类（即人机交互类）、任务管理类和数据管理类，是从设计的角度出发对问题解决方案中对象的抽象和描述，关联则用于描述这些类和类之间的关系。面向对象设计准则主要包括模块化、抽象、信息隐藏、低耦合、高内聚和复用性这几点。面向对象设计的工作内容及步骤如图 12-18 所示。

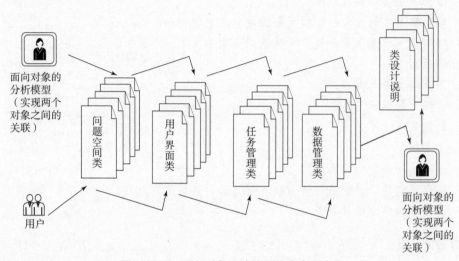

图 12-18　面向对象设计的工作内容及步骤

类图是面向对象建模的主要组成部分，用于描述系统的静态结构。类图描述系统中所包含的类以及它们之间的相互关系，帮助我们简化对系统的理解，它是系统分析和设计阶段的重要产物，也是系统编码和测试的重要模型依据。

3. 数据库设计

数据库设计是软件设计的一项重要的内容，软件中主要的处理对象就是各类业务数据，数据都存储在数据库中，通过对业务数据的处理，实现各种系统功能，系统功能归根结底就是对数据库中数据的增、删、改、查。

数据库的设计遵循一定的规范，一般是按照三范式的规则进行设计。依据三范式设计规范，可以建立冗余较小、结构合理的数据库。在数据库设计过程中，还应遵守一些设计约定。三范式是数据库设计总体原则，而设计约定则是数据库设计的具体细节要求。

①表达是/否概念的字段，必须使用 is_xxx 的方式命名，数据类型是 int，取值 0、1，其中 0 表示否，1 表示是。

②表名、字段名必须使用小写字母或数字，禁止出现数字开头，表的命名最好是加上"业务名称_表的作用"。

说明：MySQL 在 Windows 下不区分大小写，但在 Linux 下默认区分大小写。因此，数据库名、表名、字段名都不允许出现任何大写字母，避免节外生枝。

③varchar 是可变长字符串，不预先分配存储空间，长度不要超过 5 000。如果存储长度

大于此值，定义字段类型为 text，独立出来一张表，用主键来对应，避免影响其他字段索引效率。

④表必备字段有 id、create_by、create_time、update_by、update_time、remark，这些字段的作用很大，比如数据分析时，可以使用 update_time 作为数据抽取的时间戳字段等。

- id 必为主键，数据类型为 int，自增、步长为 1。
- create_time 是此条数据的创建时间，数据类型为 datetime。
- update_time 是此条数据的最后更新时间，数据类型为 datetime。
- create_by 是此条数据的创建人。
- update_by 是此条数据的最后更新人。
- remark 是此条备注信息。

除特别说明外，所有字段都需要设置默认值。根据实际需要设置表的必备字段。

任务实施

任务分析

本系统用户角色仅是管理员，由管理员维护商品信息、出入库、客户和供应商信息。软件设计阶段主要进行类设计和数据库设计。

任务实现

请扫描二维码下载任务工单、超市管理系统软件设计说明书。

任务工单 12-2

超市管理系统软件设计说明书

任务评价

请扫描二维码查看任务评价标准。

任务评价 12-2

任务三 编码实现

教学目标

1. 素养目标

（1）培养学生面向对象编程思维；
（2）培养学生良好的规范编码习惯；
（3）培养学生产品服务意识。

2. 知识目标

（1）掌握面向对象编程思想；

（2）掌握类的定义及对象实例化；

（3）掌握图形用户界面的实现方法。

3. 能力目标

（1）能阐述面向对象编程思想；

（2）能遵循编码规范编写高质量代码；

（3）能编码实现具有良好用户体验的系统界面。

◎ 任务导入

系统已经完成设计，现在进入编码实现阶段，需要根据设计的类图、数据库，采用 Java 语言编程实现系统功能。

【想一想】

如何规范编码，才能提高代码的可读性、可维护性？

◎ 知识准备

视频 12 – 3

（编码实现）

1. 项目目录结构

在 Eclipse 环境中新建项目，目录结构如图 12 – 19 所示。

* com. sjsq. dao 包：用于和数据直接交互，存放交互数据库的类或接口。

* com. sjsq. model 包：存放实体类。

* com. sjsq. utils 包：存放系统工具类，通常有 DBUtil、StringUtil、PropertiesUtil、DateUtil、CollectionUtil 等提供一系列静态方法的类。

* com. sjsq. view 包：存放系统界面类。

* db. properties：数据库配置文件。

* log4j. properties：日志配置文件。

图 12 – 19　项目目录结构

2. 数据库资源池

使用传统 JDBC 模式开发，软件系统访问数据库的时间和内存消耗较大，从而降低系统执行效率，并且存在内存泄露风险。为解决这些问题，企业生产实践项目往往对数据库连接池进行管理，本项目引入了 c3p0 – 0. 9. 1. jar 包，使用 C3P0 开源的 JDBC 连接池。C3P0 实现了数据源与 JNDI 绑定，支持 JDBC3 规范和实现了 JDBC2 的标准扩展说明的 Connection 和 Statement 池的 DataSources 对象，并且有自动回收空闲连接功能。采用 C3P0 数据库连接池，还需要导入 MySQL 数据驱动包，本项目导入的是 mysql – connector – java – 8. 0. 13. jar，并配置 db. properties 文件。

3. 日志管理

Log4j 是 Apache 下的一款开源的日志框架，通过在项目中使用 Log4j，可以控制日志信息输出位置（控制台、文件、数据库），控制日志内容的输出格式，定义日志级别。使用

Log4j，需要导入 Log4j 的 jar 包，同时，还需要导入 commons – logging 的 jar 包，并配置 log4j. properties 文件。commons – logging 提供了操作日志的接口，而具体实现交给 Log4j 开源日志框架来完成。本项目导入的版本是 log4j – 1. 2. 17. jar 和 commons – logging – 1. 1. 1. jar。

任务实施

任务分析
编程实现系统"登录""商品管理""出库管理""入库管理""客户管理""供应商管理""关于我们"模块的功能。

任务实现
请扫描二维码下载任务工单、本系统的程序代码。

任务工单 12 –3

任务三的程序代码

任务评价

请扫描二维码查看任务评价标准。

任务评价 12 –3

任务四 软件测试

教学目标

1. 素养目标
（1）培养学生软件测试思维；
（2）培养学生批判性思维和创造性思维，提升思维能力；
（3）培养精益求精、科学严谨的职业素养。

2. 知识目标
（1）了解软件测试过程、软件测试方法；
（2）掌握单元测试方法；
（3）掌握系统功能测试方法。

3. 能力目标
（1）能阐述软件测试的目的和测试过程；
（2）能应用 JUnit 框架进行单元测试；
（3）能阐述功能测试步骤。

任务导入

系统已经完成编码，现在进入软件测试阶段。软件测试是保障软件产品质量的重要手段，用来验证软件是否满足用户需求，是否符合设计和开发技术要求，是否达到高可靠性和良好的用户体验。

本任务对已实现的"超市管理系统"进行测试，主要对系统"登录"模块进行单元测试。

【想一想】

软件产品可能会存在哪些类型的问题？如何才能发现这些问题？

知识准备

1. 软件测试简介

视频 12 - 4
（软件测试）

软件测试是保障软件质量的关键步骤。软件测试的目的是为软件系统提供质量保证，检查需求文档的一致性和完整性，尽可能发现系统存在的错误和不合理之处，排查潜在错误，确保该系统能够实现各方的功能要求。

软件测试的一般过程：分析测试需求、制订测试计划、设计测试用例、执行测试、编写测试报告。

常见的软件测试类型：功能性测试、可用性测试、可靠性测试、安全性测试、性能测试、兼容性测试。

单元测试和功能测试是软件测试的两个重要阶段。

2. 单元测试

单元测试是针对软件中的最小测试单元——模块、函数、类等进行测试的，目的是验证代码是否正确，提高代码质量。单元测试一般在代码编写完成后，由开发人员在本地环境下对编写的代码进行测试。单元测试采用白盒测试方法，如语句覆盖、判定覆盖、条件覆盖等。

JUnit 是面向 Java 语言的单元测试框架，常用的 IDE（如 Eclipse、NetBeans 和 Intelli-JIDEA）都提供 JUnit 集成。JUnit 可以方便地帮助开发人员测试自己所编写的应用程序，通过断言测试程序运行是否符合期望值，并打印测试结果。

JUnit 的方法注解见表 12 - 2。

表 12 - 2　JUnit 的方法注解

注解名称	说明
@ BeforeClass	在测试类中所有用例运行之前，运行一次这个方法。例如创建数据库连接、读取文件等
@ AfterClass	在所有的测试方法执行完成后被执行，只执行一次该方法。例如关闭数据量连接、释放 I/O 连接资源、恢复现场等
@ Before	在每一个测试方法被运行前执行一次，运行次数根据用例数而定。其常用于一些独立于用例之间的准备工作，如进行测试环境或数据的准备

续表

注解名称	说明
@After	在每一个测试方法被运行结束后执行一次，常用于进行一些数据清理工作
@Test	将一个普通的方法修饰成一个测试方法，测试方法以"test"开头，并且方法不能有任何参数
@Ignore	该注解标记的测试方法会被忽略，不会被运行器执行

JUnit 的常用断言方法见表 12 - 3。

表 12 - 3 JUnit 的常用断言方法

断言方法	说明
assertArrayEquals	用来比较两个数组是否相等
assertEquals	用来比较两个对象是否相等
assertSame	用来比较两个对象的引用是否相等
assertNotSame	用来比较两个对象的引用是否不相等
assertTrue	用来验证条件是否为真，查看的变量的值是 true，则测试成功，如果是 false，则失败
assertFalse	用来验证条件是否为假，查看的变量的值是 false，则测试成功，如果是 true，则失败
assertNull	用来验证给定的对象是否为 null，假如不为 null，则验证失败
assertNotNull	用来验证给定的对象是否为不为 null，假如为 null，则验证失败
assertThat	一个全新的断言语法，结合 Hamcrest 提供的匹配符，就可以表达出全部的测试思想，这些匹配符更接近自然语言，可读性高，更加灵活

3. 功能测试

功能测试是针对整个软件系统进行测试，测试系统的功能和性能是否符合用户需求。功能测试在软件开发的后期进行，一般由测试人员在测试环境下进行测试。功能测试采用黑盒测试法、UI 测试法、随机测试法。进行功能测试之前，需要编写测试用例，按照测试用例执行系统功能测试，测试用例的设计方法有等价类划分法、边界值分析法、因果图法等。

任务实施

任务分析

以系统"登录"模块为例，使用 JUnit 框架进行单元测试，验证用户身份的合法性，要求如下：

1. 输入账号：admin，密码：admin，系统登录成功；
2. 输入账号：admin，密码：123，系统登录失败；
3. 输入账号：ad，密码：admin，系统登录成功；
4. 输入账号：admin，密码：空，系统登录成功；
5. 输入账号：空，密码：admin，系统登录成功。

任务实现

请扫描二维码下载任务工单、单元测试环境搭建说明。

任务工单 12 –4

单元测试环境搭建说明

请扫描二维码下载该任务的单元测试代码。

编写单元测试类 AdminDaoTest. java 来测试 AdminDao. java 登录方法 login，本任务的程序代码请扫描二维码下载。

说明：测试类中的测试方法命名以 test 开头，一个测试类中可以有多个测试方法，如果运行该测试类，所有单元测试方法均会被执行，如果只执行某个测试方法，则选中该测试方法进行运行即可。

任务四
单元测试

执行单元测试，选中方法名"testLogin"，右击，选择"Run As"→"JUnit Test"，执行该单元测试方法。运行结果如图 12 –20 所示。

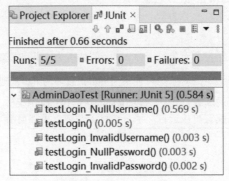

图 12 –20　运行结果

【试一试】

创建测试类，通过单元测试验证 GoodsDao. java 类中的增、删、改、查方法是否正确。

任务评价

请扫描二维码查看任务评价标准。

任务评价 12 –4

任务五 软件打包

教学目标

1. 素养目标

（1）培养学生主动探索研究新技术的意识；

（2）培养学生勇于开拓、不断进取的精神。

2. 知识目标

（1）了解软件打包方式；

（2）掌握打包工具的使用；

（3）掌握生成 . exe 文件的方法。

3. 能力目标

（1）能阐述软件打包方式；

（2）能将 Java 项目打包成 . jar 文件；

（3）能将 . jar 文件生成 . exe 文件。

任务导入

项目已经完成开发测试，需要交付用户使用。用户往往并不懂 Java 语言，也没有 Java 程序的集成开发环境，更不知道 Java 编译、运行命令，那么该如何将软件产品交付用户使用呢？通过将项目生成可执行 . exe 文件，就可以解决这一问题。

【想一想】

如何将开发人员编码实现的项目生成可以被用户方便使用的 . exe 文件呢？

知识准备

从 Java 项目到交付用户使用的软件产品需要做两步：首先将项目打包成 . jar 文件，然后生成可执行 . exe 文件。

视频 12 - 5
（软件测试）

1. 将 Java 项目打包成 . jar 文件

将 Java 项目打包成 . jar 文件，通常有三种方式：使用 jar 命令打包、使用 Eclipse 工具打包、使用第三方插件打包。前两种打包方式会因应用场景的不同而不同，当项目有依赖的外部 jar 包、资源文件等时，打包操作方式有所不同，相对使用第三方插件来说，其较为烦琐，也容易出现打包失败的情况。而一些比较成熟的打包插件易用性强、适用性强，已在企业实际生产中被广泛使用。本任务使用第三方插件 FatJar 打包项目，FatJar 是一款运行在 Eclipse 上的插件，通过这款插件可以方便、快捷地将 Java 项目导出为 . jar 包。

在 Eclipse4. 4 及以上版本中安装 FatJar 插件，首先将给定的 . fatjar 包 net. sf. fhep. fatjar_ 0. 0. 32. jar 放到 Eclipse 安装目录下的 plugins 文件夹下，重启 Eclipse 即可。单击 "Window"→ "Preferences"，在打开的 "Preferences" 对话框中看到 "FatJar Preferences"，证明安装成功，如图 12 - 21 所示。

注意：如果 "Preferences" 对话框中没有 FatJar 工具，需要删除 Eclipse 安装目录下 "configuration\org. eclipse. update" 文件夹中的 platform. xml 文件，再重新启动 Eclipse，即可自动生成该文件。

2. 将 . jar 文件生成 . exe 文件

EXE4J 软件可以将 Java 程序生成为可独立运行的 . exe 文件，可执行文件所需的 Java 虚拟机（JVM）包含在内。EXE4J 提供了许多配置选项，可以用于调整应用程序的启动参数、

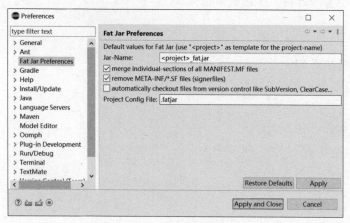

图 12 –21　FatJar Preferences

文件关联和图标等。

　　在 EXE4J 官网下载 EXE4J，如图 12 –22 所示，本任务使用的是 EXE4J.6.0 版本，下载后进行安装。

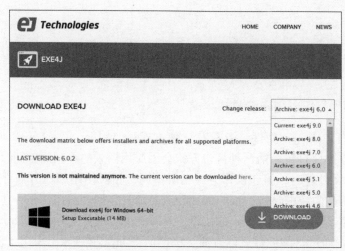

图 12 –22　EXE4J 官网

任务实施

　　任务分析

　　将项目生成可执行 .exe 文件，用户不需要 Java 程序开发运行环境便可运行项目。本任务借助第三方插件 FatJar 和 EXE4J 软件生成可执行文件。

　　任务实现

　　请扫描二维码下载任务工单、软件打包操作说明书。

任务工单 12 -5

软件打包操作说明书

本任务导出 .jar 包、.exe 文件，以及使用 EXE4J 软件导出 .exe 文件的配置信息，请扫描二维码下载。

实施结果

任务评价

请扫描二维码查看任务评价标准。

知识拓展

任务评价 12 -5

如何从小白成长为技术大牛？

在这里给大家讲一个朋友是如何从小白成长为技术大牛的故事。他是大专学历，2014年大学毕业后就一直在 Android 开发岗位工作，做过外包，也进过中小型创业公司，最后进入阿里某岗位担任 Android 高级开发工程师。

刚毕业的时候，Android 开发市场发展火热，无数人员涌入 Android 开发行业，求职人员数量庞大，市场竞争性大。由于学历不高、职业技能不熟悉，再加上没有项目实战经历，他找工作一直被拒，最后只能到一家外包公司。这种求职经历发生在很多人身上，经历永远是过去式，职业技能才是未来求职就业的关键！在外包公司工作期间，他的大部分时间都在做复制、粘贴代码工作，就像没有灵魂的代码机器，这样是很难提高自己的职业技能的，但是迫于就业难的问题，他没有很快辞职，决定在这里先了解实际项目的开发过程，积累外目经验。半年后，他从公司离职开始重新找工作，虽然这次他已经很清楚自己的就业方向，认真编写自己的简历，并为每一次面试积极进行技术准备，但是由于之前外包公司的从业经历，找工作并不是很顺利，经常被拒，最后终于接到了两家公司的面试机会：一家10人以下的创业公司和一家企业外包公司，经过深思熟虑，这个朋友选择了创业公司。他在这家公司待了4年，而现在这家公司也已经发展成为100多人的大公司。

因为职业技能不够强大，4年期间，这个朋友玩命似的学习技术，不停逛 GitHub，找自己不会的实战项目，从博客上找资料，到在线学习平台上收集技术相关的学习视频，一步一步从最基础的做起。这4年里，他没有在凌晨3点之前睡过觉，每天早上却要7点钟就起床，因为从他住的地方到公司需乘坐1小时的地铁和2趟公交车。日复一日，他感觉无比的充实，电脑里是密密麻麻的学习资料、学习视频和自己4年做的项目。现在看来，他之前的努力都没有白费，厚积薄发，现在能够在大厂工作，离不开他这几年的技术积累。

故事就讲到这里，现在将这位朋友的学习心得分享给大家，希望能给需要的你带来帮助。多动手、多思考，在实践中提高自己的编程技能；遇到问题，迎难而上，主动分析问题，寻找设计解决方案；多总结经验，尽量以最少的代码量实现复杂的功能，从而精进自己的职业技能；简历是成功的一半，面试能力和技术能力一样重要。

"行路难，行路难，多歧路，今安在？长风破浪会有时，直挂云帆济沧海。"，愿每位求学路上的人都能找准自己的奋斗目标，努力在当下！

模块训练

一、选择题

1. 需求分析的目的是（　　　）。

A. 明确系统"怎么做"　　　　　　　B. 明确系统"做什么"

C. 明确系统"能不能做"　　　　　　D. 以上说法都对

2. 以下说法错误的是（　　　）。

A. Axure RP 是一款专业的快速原型设计工具

B. 用例图用来建立系统的功能模型

C. 软件是程序、数据及其相关文档的完整集合

D. 以上都不对

3. UML 是统一建模语言，以下不是 UML 建模工具的是（　　　）。

A. Microsoft Office Visio　　　　　　B. IBM Rational Rose

C. Enterprise Architect　　　　　　　D. Visual Studio

4. 对于软件测试的相关描述，错误的是（　　　）。

A. 软件测试的目的是为软件系统提供质量保证

B. 软件测试类型有功能性测试、可靠性测试、安全性测试、性能测试等

C. 单元测试和功能测试是软件测试的两个重要阶段

D. 经过测试的软件是不可能存在问题的

5. 关于单元测试的描述，错误的是（　　　）。

A. 单元测试的对象为模块、函数、类等

B. 单元测试往往是由软件测试人员编码测试

C. 单元测试采用白盒测试方法

D. 使用 JUnit 单元测试框架进行单元测试

6. 下列描述中，错误的是（　　　）。

A. c3p0 – 0. 9. 1. 2. jar 是可以在 Java 应用中使用的开源 JDBC 连接池

B. log4j – 1. 2. 17. jar 和 commons – logging – 1. 1. 1. jar 可以用于日志管理

C. Eclipse 不提供打包功能

D. EXE4J 可以将 Java 程序生成为可执行文件

二、简答题

请简述软件开发过程。